Ulrich Woelk

STERNENKLAR

Ein kleines Buch über den Himmel

DUMONT

Erste Auflage 2008

Umschlagabbildung: Michael Sowa
Umschlag: Zero, München
Gesetzt aus der DTL Documenta und der Neuen Helvetica
Gedruckt auf säurefreiem und chlorfrei gebleichtem Papier
Satz: Fagott, Ffm
Druck und Verarbeitung: CPI – Clausen & Bosse, Leck
Printed in Germany

ISBN 978-3-8321-8060-7

Winter

Der Mond ist aufgegangen,
Die goldnen Sternlein prangen
Am Himmel hell und klar.

Ich erinnere mich noch gut an den Moment, als meine Tochter – sie war ungefähr anderthalb – den Mond entdeckt hat. Sie hob ihren kleinen Arm, zeigte aufgeregt und mit leuchtenden Augen auf den Abendhimmel und sagte: »Da, da!« Viel mehr konnte sie damals noch nicht sagen. Es war praktisch ihr gesamter Wortschatz, den sie dem silbernen Ball über den Baumkronen zuteil werden ließ.

Ich glaube, Kinder wiederholen in ihrer Entwicklung uralte Erfahrungen der Menschheit. Seit Jahrtausenden richten wir den Blick nach oben und staunen über das, was wir sehen. Wenn wir Ruhe haben und uns darauf einlassen, können wir am Abend, wenn es allmählich dunkel wird und die ersten Sterne aufblinken, sehr ehrfürchtig werden.

In der Romantik hat man im Tageslicht eine Art Vorhang gesehen, der sich beinahe störend über die Nacht mit ihren Geheimnissen legt. Aber nicht nur über die Nacht, sondern auch über die dunkle geheimnisvolle Seite unserer Seele. Am Abend öffnet sich dieser Vorhang und das Unbewusste, unsere Nachtseite, wird sichtbar. Von Joseph von Eichendorff stammen die

Zeilen: »Schweigt der Menschen laute Lust: / Rauscht die Erde wie in Träumen / Wunderbar mit allen Bäumen, / Was dem Herzen kaum bewußt.«

So gesehen sind Astronomen wie Kinder. Etwas Neues am Himmel zu entdecken begeistert sie. Und sie sind sogar Romantiker. Sie glauben, dass wir uns selbst – unsere Geheimnisse – nicht verstehen können, wenn wir das Weltall nicht verstehen. Denn die Materie, aus der wir bestehen, jedes einzelne Atom unseres Körpers ist aus dem Universum hervorgegangen. Vielleicht ist es das, was wir am Abend manchmal spüren: Wir sind Kinder der Nacht.

Sicher, die Astronomie ist eine hochtechnisierte Wissenschaft und die Aussagen der Kosmologie sind nicht gerade allgemein verständlich (oder romantisch). Aber Tatsache ist auch: Die Astronomen sitzen im gleichen Theater wie wir alle. Und der Abend ist der Zeitpunkt, da im Zuschauerraum das Licht ausgeht und das Schauspiel der Nacht beginnt. Ein magischer Augenblick. Vorhang auf!

✲

Als meine Tochter sechs Jahre alt war und nicht mehr nur über ein paar Ursilben, sondern über einen (wie ich als Vater natürlich fand) erfreulich reichhaltigen Wortschatz verfügte, kam sie eimal zu mir an den Schreibtisch und fragte: »Was machst du da?«

»Ich arbeite«, antwortete ich.

»Was arbeitest du?«

»Ich denke über den Himmel nach.«

»Über Engel?«

»Nein, über die Sterne. Man nennt das Astronomie. Die Astronomie ist mein Beruf.«

»Was ist Astronomie?«

In ihren Kinderbüchern waren die Menschen Lokomotivführer, Bäcker oder Detektiv. Das waren Berufe, deren Zweck man nicht weiter zu erklären brauchte. Wir Astronomen haben es da nicht so leicht, wie ich gelegentlich feststellen muss. Vielen kommt unsere Wissenschaft ein wenig sonderbar und alltagsfern vor. Und auf den ersten Blick stimmt das ja auch: Was haben die Sterne, was hat das Riesenreich des Universums mit dem täglichen Leben zu tun? Wenig, so scheint es, aber das stimmt nicht wirklich. Jede Uhr ist ein kleines Sonnensystem und jede Satellitenschüssel eine Art Teleskop.

Vor langer Zeit stand die Astronomie im Zentrum des geistigen und religiösen Lebens der Hochkulturen. Es heißt gelegentlich, Philosophie und Astronomie seien die ältesten aller Wissenschaften. Wahr ist in jedem Fall, dass die Astronomie sehr alt ist. Das Wort Astronomie stammt aus dem Griechischen und bedeutet Wissenschaft von den Sternen. Und auch Babylonier, Ägypter und Chinesen haben schon vor mehr als zweieinhalb bis drei Jahrtausenden systematische Sternbeobachtungen durchgeführt, um sich im zeitlichen Ablauf eines Jahres zurechtzufinden. Im Frühjahr sind andere

Sternbilder sichtbar als im Sommer, Herbst oder Winter. Ihr Erscheinen am Himmel war daher für die Landwirtschaft von großer Bedeutung.

Doch genau genommen betreiben wir alle Astronomie. Wenn wir uns darauf verlassen, dass es nachts dunkel wird, vertrauen wir bereits einem astronomischen Gesetz, nämlich dem, dass die Erde sich dreht. Und auch die Beobachtung, dass die Tage im Winter kürzer sind als im Sommer, ist Astronomie. Tatsächlich lässt sich bereits mit einfachsten Mitteln astronomisches Wissen gewinnen. So braucht man beispielsweise nur eine Strichliste (und etwas Geduld), um herauszufinden, dass etwa neunundzwanzigeinhalb Tage von einem Vollmond bis zum nächsten vergehen. Ja, es ist sogar möglich, nur mit einem Stock und einem Zentimetermaß herauszufinden, dass unsere Erde eine Kugel ist. Schon 225 v. Chr. berechnete der griechische Mathematiker und Astronom Eratosthenes auf diese Weise den Erdumfang mit erstaunlicher Genauigkeit.

Aber Astronomie ist noch viel mehr. Der Nachthimmel erzählt die Geschichte unserer Herkunft. Im Altertum fasste man die Sterne zu Gruppen zusammen, denen man bestimmte Bilder aus der Mythologie zuordnete, Fabelwesen, Tiere oder Götter. Und bereits vor mehr als viertausend Jahren errichteten Menschen in England Kreise aus riesigen Steinen. Sie erschufen damit heilige Orte und markierten gleichzeitig astronomische Punkte. Man könnte sagen, diese Steinkreise waren so etwas wie riesige kosmische Uhren und steinzeitliche

Sternwarten. Schon damals haben die Menschen also versucht, ihre Position im Universum zu bestimmen.

Wenn die Philosophie fragt: »Wer bin ich?«, dann fragt die Astronomie: »Wo bin ich?« Die Antwort darauf hat sich in den vergangenen Jahrtausenden stark verändert, doch ist eines dabei immer gleich geblieben: Nur durch den Blick hinauf zu den Sternen erfahren wir etwas über unseren Platz im Universum.

»Astronomie«, sagte ich also zu meiner Tochter, »ist eine sehr alte Wissenschaft. Sie beschäftigt sich mit dem Mond und der Sonne und den Sternen. Mit allem, was am Himmel ist.«

»Auch mit Vögeln und Flugzeugen?«

»Nein, das nicht. Auch nicht mit Wolken. Nur mit den Lichtern, die wir dort oben sehen und die ganz weit weg sind. Über diese Lichter kann man sehr lange nachdenken, denn es gibt sehr viele davon.«

Sie kletterte auf meinen Schoß und betrachtete den Bildschirm. »Wie viele denn?«

»Unvorstellbar viele. Es gibt ganz helle Sterne, Wega zum Beispiel oder Rigel, und es gibt Sterne, die wir mit bloßem Auge gar nicht sehen können. Man braucht ein Fernglas, um sie zu erkennen.«

»Riegel? Das ist aber ein lustiger Name. Ein Stern ist doch keine Tür.«

»Rigel ist Arabisch und heißt Fuß.«

»Haben alle Sterne Namen?«

»Es gibt zu viele, um für alle einen Namen zu finden.«

Sie sprang wieder auf. »Ich würde bestimmt für jeden einen Namen finden: Jim Knopf und Pünktchen und Anton und Herr Taschenbier und Sams und Lukas und Lisi und Herr Turtur …«

Mit diesen Worten lief sie hinaus und überließ mich wieder meiner Arbeit. Jim Knopf, Pünktchen und Anton, Herr Taschenbier, das Sams, Lukas, Lisi und Herr Turtur – das waren die Helden ihrer Gute-Nacht-Geschichten. Und wenn sie die Sterne nach ihnen benannte, dann tat sie eigentlich, was Menschen seit Jahrtausenden tun: Sie projizierte die Welt ihrer Mythen an den Himmel.

✫

Meine Tochter heißt Stella. Diesen Namen verdankt sie meinem Beruf und der Nachsicht meiner Frau. Als wir während der Schwangerschaft stapelweise Namensbücher wälzten und uns peu à peu von Annabel über Emilia und Lara bis Paulette und Zarah durcharbeiteten, stieß ich irgendwann auf Stella. Der Name sprang mir als Astronom verständlicherweise sofort ins Auge, denn Stella ist lateinisch und heißt Stern. Und da wir selbstverständlich davon überzeugt waren, dass mit unserer Tochter ein neuer Stern in unserem Leben aufgehen würde, schien mir Stella eine ausgezeichnete Wahl.

Meine Frau fand den Namen hübsch, aber sehr direkt. »Gibt es nicht einen Sternennamen, der passen würde?«, fragte sie.

Aber damit sah es schlecht aus. Bei den meisten Sternennamen handelt es sich nämlich um etwas ungelenke oder auch falsche Umlautungen aus dem Arabischen. Sie sind zwar durchaus klingend, eignen sich aber nicht als Namen für kleine Mädchen.

Einer der hellsten Sterne am Firmament ist beispielsweise Beteigeuze, was so viel wie ›Hand der Riesin‹ bedeutet. Beteigeuze steht im Sternbild Orion und markiert tatsächlich die obere erhobene Hand (oder eigentlich eher die Schulter) des Jägers, der laut griechischer Mythologie im Übrigen drei Väter hatte, Poseidon, Zeus und Hermes, was mir ebenfalls nicht besonders gefiel.

Ein anderer gut sichtbarer Stern, der letzte Schwanzstern im Großen Bären, heißt Benetnasch, was von ›banat na'sch‹ kommt und so viel wie ›Klageweiber‹ heißt. Das konnte ich meiner Tochter ebenfalls nicht zumuten. Höchstens der zweite Schulterstern des Orion hat gewisse klangliche Eigenschaften, die zu einem kleinen Mädchen passen würden: Bellatrix – was allerdings Latein ist und ›Kriegerin‹ bedeutet.

Natürlich konnten die Araber nur jene Sterne benennen, die sie auch gesehen haben. Das waren im Vergleich zu denen, die es tatsächlich gibt, sehr wenige. Moderne Teleskope haben Milliarden und Abermilliarden weiterer Sterne sichtbar gemacht. Sie alle mit Namen wie ›Schulter der Riesin‹ oder ›Der den Plejaden Nachfolgende‹ (Aldebaran) oder ›Linker Fuß des Mittleren‹ (Rigel) zu bezeichnen wäre auf die Dauer sehr unübersichtlich geworden.

Und so hat man sich im 17. Jahrhundert für ein anderes System entschieden: Man begann damit, die Sterne nach Lage und Helligkeit zu benennen. Aus Beteigeuze wurde ›alpha Orionis‹, der hellste Stern im Orion (alpha ist der erste Buchstabe des griechischen Alphabets), aus Bellatrix ›gamma Orionis‹, der dritthellste Stern im Orion, und aus Benetnasch ›eta Ursae Maioris‹, der siebthellste Stern im Großen Bären (bzw. Großen Wagen).

Doch schließlich reichte auch dieses System nicht mehr aus, und uns Astronomen blieb nichts anderes übrig, als die Sterne zu katalogisieren und ihnen als Namen ganz einfach ihre Katalognummer zuzuweisen: HD 39 801 für Beteigeuze, HD 120 315 für Benetnasch und HD 354 68 für Bellatrix. Seitdem sind Sternennamen zur Benennung kleiner Mädchen endgültig unbrauchbar geworden. Und so blieb es schließlich bei Stella.

✡

Wenn wir Astronomen die Zahl der Sterne im Universum abschätzen, kommen wir auf mehr als Billionen Milliarden – ziemlich viele also. Zehn Billionen Milliarden ist eine eins mit zweiundzwanzig Nullen. Mathematisch gesehen ist so eine Zahl zwar nichts Besonderes, was aber nichts daran ändert, dass sie unser Vorstellungsvermögen sprengt.

Erstaunlicherweise wirkt ihre Größe aber etwas zugänglicher, wenn wir allen Sternen Namen geben würden. Denn um die zehn Billionen Milliarden Sterne im Universum un-

verwechselbar zu benennen, reichten Namen mit lediglich sechzehn Buchstaben aus – länger dürften, müssten sie aber nicht sein! Eine eins mit zweiundzwanzig Nullen erscheint uns sehr abstrakt, ein Wort mit sechzehn Buchstaben dagegen durchaus vertraut.

Stellas Vorschlag, einen Stern zum Beispiel Jim Knopf zu nennen, war gar nicht so schlecht. Mit der Erweiterung ›Jim Knopf aus Lummerland‹ hätte sie bereits einen eindeutigen und unverwechselbaren Namen geschaffen. Und sie könnte die Sterne auch einfach ›Mein Lieblingsstern‹ oder ›Goldenes Pünktchen‹ oder ›Kosmischer Diamant‹ nennen – nichts spräche dagegen. Sogar die Namen aus dem Altertum wie ›Der den Plejaden Nachfolgende‹ oder ›Linker Fuß des Mittleren‹ – so unpraktisch sie auch sein mögen – bezeichnen ihren jeweiligen Stern mehr als eindeutig.

Aber natürlich hat auch ein Benennungssystem aus der Kombination von sechzehn Buchstaben statt von zweiundzwanzig Ziffern seine Schwächen. Denn leider sind darin ja nicht nur sinnvolle Buchstabenfolgen wie ›Stellas Sternchen‹ enthalten, sondern auch alle sinnlosen wie zum Beispiel sechzehn aufeinanderfolgende As oder ganz einfach die ersten sechzehn Buchstaben des Alphabets. Mit solchen Namen wäre keinem Stern gedient – und Tatsache ist leider, dass es sehr viel mehr sinnlose als sinnvolle Kombinationen aus sechzehn Buchstaben gibt.

Es bleibt also dabei: Sobald sehr hohe Zahlen im Spiel sind, entfernen sich die Dinge von unserer Erfahrung. Und doch

ist es bemerkenswert, dass man es beim Lesen einer Buchseite wie zum Beispiel dieser hier mit einer potentiellen Wort- und Buchstabenvielfalt zu tun hat, die ungleich größer ist als die Anzahl der Sterne im Universum. Wenn Bücher ein Abbild unseres Bewusstseins sind, dann ist es offenbar noch komplexer als das Universum, das es hervorgebracht hat.

✲

Zur Einschulung schenkte ich Stella ein Fernglas. Das fand sie sehr lustig, insbesondere wenn sie es verkehrt herum benutzte! Dass wir alle winzig klein wurden, verblüffte sie sogar noch mehr als der eigentlich wichtige Vergrößerungseffekt. Aber als abends der Mond aufging – ein schöner klarer Halbmond, wie er sich zur Beobachtung besonders gut eignet – schien sie von der Größe unseres Erdtrabanten doch beeindruckt zu sein. Die Krümmung der Linie zwischen Licht und Schatten und die plastische Struktur der Krater auf der Oberfläche verwandeln den Mond im Fernglas von einer flachen Lichtscheibe in die silberne Kugel, die er ist. Das registrierte auch Stella mit ihren sechs Jahren schon. Seitdem weiß sie, dass der Mond ein riesiger Ball ist, der um die Erde fliegt.

In solcher Deutlichkeit hatte das erstmals Galileo Galilei gesehen. Er optimierte das Fernrohr – eine Erfindung des Holländers Hans Lipperhey aus dem Jahr 1608 – für astronomische Beobachtungen und erkannte auf dem Mond Gebirge und Krater. Außerdem stellte er fest, dass der Planet Jupiter

von vier Himmelskörpern umkreist wurde. Daraus zog er den Schluss, dass die Lehre der Kirche, der zufolge die Erde im Mittelpunkt des Universums ruhte, nicht wahr sein konnte. Wenn nämlich der Jupiter von Himmelskörpern umkreist wurde, dann konnte auch ein Lebewesen auf dem Jupiter, so wie wir auf der Erde, den Eindruck haben, im Mittelpunkt des Universums zu stehen. Zwei Mittelpunkte konnte es im Universum aber nicht geben, und so musste irgendetwas an der kirchlichen Lehre falsch sein.

Um sie von der Richtigkeit dieser Theorie zu überzeugen, forderte Galilei irgendwann ein paar Abgesandte des Papstes auf, einen Blick durch sein Teleskop zu werfen. Die Boten des Heiligen Stuhls sollen es aber abgelehnt haben, den Mond oder den Jupiter durch das Fernrohr zu betrachten. Wenn Gott dies gewollt habe, so sagten sie, dann hätte er dem Menschen statt Augen ja Fernrohre gegeben.

Der Widerstand der Kirche hat die Astronomen nach Galilei aber nicht davon abhalten können, ihren Beobachtungsradius mit immer besseren Teleskopen Schritt für Schritt zu erweitern. Inzwischen sind wir in der Lage, extrem lichtschwache Objekte, die praktisch am Rande des sichtbaren Universums liegen, zu beobachten. Mit dem Fernrohr bereisen wir beinahe den gesamten Kosmos, und dadurch hat sich unser Weltbild seit den Tagen Galileis enorm verändert. Inzwischen wissen wir, dass weder die Erde noch der Jupiter im Mittelpunkt des Universums ruhen, sondern dass das Universum überhaupt keinen Mittelpunkt hat.

Solche Überlegungen waren für eine Erstklässlerin natürlich zu abstrakt, doch sagte ich zu Stella, als sie durch das Fernglas den Mond betrachtete: »Ein Mann namens Galilei, ein großer Forscher, der zum ersten Mal den Mond durch ein Fernrohr betrachtet hat, wurde vom Papst noch dazu verurteilt, niemals darüber zu reden.«

»Und warum?«, fragte sie.

»Ich weiß nicht. Vielleicht dachte der Papst, dort oben wohnt Gott, und er hatte Angst davor, dass Galilei ihn nicht finden würde.«

»Aber Gott *wohnt* doch im Himmel«, sagte Stella.

»Nun ja. Nicht so direkt. Also eigentlich schon, aber andererseits auch wieder nicht … das ist schwer zu erklären.«

»Das verstehe ich nicht«, sagte Stella. »Dann will ich vielleicht auch nicht durch das Fernglas gucken.«

»Doch, das solltest du«, sagte ich.

»Warum denn?«

Jetzt musste ich mir schnell etwas einfallen lassen. »Um dort oben deinen Stern zu entdecken!«

»Meinen Stern?«

»Ja, jeder Mensch hat einen Stern. Und wenn man ihn findet, darf man ihm einen Namen geben und sich etwas wünschen.«

»Wirklich?«

»Aber ja, ganz sicher. Das kann man überall nachlesen. Es gibt viele Geschichten darüber.«

In einem ihrer Kinderbücher ging es tatsächlich um den Stern eines kleinen Mädchens, und so glaubte sie mir.

»Und wie sieht mein Stern aus?«, fragte sie.

Es wurde kühl, und ich schob sie sanft zurück ins Haus. »Das musst du selbst herausfinden«, sagte ich. »Wenn du ihn siehst, erkennst du ihn.«

»Und dann darf ich ihm einen Namen geben und mir etwas wünschen?«

»Genau«, sagte ich.

»Kann ich ihn denn nicht jetzt gleich suchen?«

Aber ich schloss die Tür und sagte: »Heute nicht. Du hast noch genug Zeit dazu. Es gibt unglaublich viele Sterne – so viele, dass es für alle kleinen Mädchen reicht.«

✡

Meine etwas unklaren Äußerungen über die Existenz Gottes im Himmel führten schon bald darauf zu einem gewissen Konflikt. Alle Kinder sollten in einer der ersten Stunden des Religionsunterrichts nämlich sagen, wie sie sich Gott vorstellten. Die Religionslehrerin war eine sehr freundliche und engagierte junge Katholikin. Als Stella an der Reihe war, sagte sie, es sei ganz und gar nicht sicher, ob Gott überhaupt im Himmel wohne, und deswegen habe der Papst Galilei verboten, dort nachzusehen, aus Angst davor, dass er Gott nicht finden würde.

Die Religionslehrerin rief mich daraufhin an. Sie war durchaus dafür, dass Kinder die Religion auch kritisch betrachteten. Aber ebenso fand sie, dass es entschieden zu früh war, sie jetzt

schon mit den Fehlern der katholischen Kirche zu konfrontieren. Das alles war ihrer Meinung nach viel zu kompliziert für Kinder – sie wollte ihnen zunächst einen lebendigen Glauben einpflanzen. Dass die Kirche in ihrer langen Geschichte nicht immer auf der Seite der Wahrheit gestanden hatte, würden sie noch früh genug lernen.

Ich stimmte ihr in allen Punkten zu. Ich wollte auf keinen Fall, dass Stella eine neunmalkluge Atheistin wurde. Und man muss auch zugeben, dass die biblische Schöpfungsgeschichte, die Genesis, aus astronomischer Sicht ein äußerst erstaunlicher Bericht ist, der eine Reihe von verblüffenden Parallelen zur heutigen Kosmologie aufweist.

Beispielsweise wissen wir inzwischen, dass das Universum einen Anfang hatte. Es ging vor dreizehn Milliarden Jahren aus dem Urknall hervor, den man sich vereinfacht als eine ungeheure Explosion von Energie und Licht vorstellen kann. Die Energie verwandelte sich schließlich in Materie, aus der sich im Lauf von Milliarden Jahren Sterne und Planeten bildeten. Man kann also sagen, dass die Erschaffung von Himmel, Erde und Licht am ersten Schöpfungstag den astronomischen Tatsachen entspricht – bis auf den Unterschied, dass der erste Schöpfungstag in Wirklichkeit etwa acht bis neun Milliarden Jahre gedauert hat.

Danach, vor etwa viereinhalb Milliarden Jahren, entstand die Erde nahe der Ursonne aus der Verklumpung von Staub und glühendem Gestein. Sie kühlte allmählich ab, und es bildete sich eine feste Kruste. Heißer Wasserdampf wurde zu

Ulrich Woelk

STERNENKLAR

Ein kleines Buch über den Himmel

Für Lina

Regen und füllte die Niederungen zu Meeren auf. All das entspricht den Ereignissen am zweiten Schöpfungstag.

Gott erschafft an diesem zunächst eine »Scheidewand zwischen Wassern und Wassern«, und er trennt, heißt es, »zwischen den Wassern unterhalb des Himmelsgewölbes und den Wassern oberhalb des Himmelsgewölbes.« Dieser Schritt steht in erstaunlicher Übereinstimmung mit der astronomischen Erkenntnis, wonach die heiße Uratmosphäre zunächst mit Wasserdampf und Regentropfen gesättigt war. Wasser war überall, oben und unten. Und es dauerte etwa eine Milliarde Jahre, bis Wasser und Himmel sich voneinander trennten.

Das wiederum führt uns zum dritten Tag, an dem Gott das »Trockene«, die Erde, und »eine Sammlung von Wasser«, das Meer, erschafft. Geologisch gesprochen, entstehen so der Urkontinent Pangäa und der riesige, die restliche Erde bedeckende Urozean Panthalassa. Pangäa besiedelt Gott danach mit Pflanzen, ganz im Einklang mit der Evolutionslehre, der zufolge die Pflanzen das Land vor den Tieren eroberten.

Besonders erstaunlich ist der vierte Tag. Erst jetzt, *nach* den Pflanzen also, erschafft Gott den Sternenhimmel und »die beiden großen Lichter – das größere Licht, zu beherrschen den Tag, und das kleinere Licht, zu beherrschen die Nacht.« Dazu muss man wissen, dass die Uratmosphäre auch nach ihrer Abkühlung noch ziemlich undurchsichtig war. Sie bestand hauptsächlich aus Kohlendioxid und Stickstoff. Erst nachdem Pflanzen in der Lage waren, durch Photosynthese Kohlendioxid in Sauerstoff umzuwandeln, reinigten sie gewissermaßen die Atmosphäre, und Sonne, Mond, Planeten und Sterne wurden sichtbar.

Der biblische Schöpfungsbericht stammt aus einer Zeit, als die meisten Menschen noch glaubten, der Himmel sei von Göttern bevölkert. Damals muss die Genesis ein Dokument von unglaublicher Modernität gewesen sein. Sie machte aus Sonne und Mond – aus den vermeintlichen Repräsentanten von übernatürlichen Mächten – das, was sie sind: Lichter am Himmel. Heute erscheint uns das selbstverständlich, aber vor dreitausend Jahren muss es eine Revolution gewesen sein.

Für die Menschheit war der biblische Schöpfungsbericht ein philosophischer Meilenstein, für Gott aber ein schwerer Schritt. Denn er vertrieb nicht nur fremde Götter aus dem Himmel, sondern logischerweise auch sich selbst. Die Genesis lässt ihm keinen Platz mehr zwischen den Sternen – das würde ich Stella irgendwann einmal sagen müssen. Aber vielleicht hatte ihre Religionslehrerin ja recht: Dafür war es im Moment ganz einfach noch zu früh.

✲

Vor kurzem hat mir Stella erklärt, wie es zu Gewittern kommt: Die Wolken stoßen zusammen und tun sich weh. Deswegen fangen sie an zu weinen, und ihre Tränen fallen mit silbernem Glitzern zur Erde.

Ich fand diese Theorie sehr hübsch, und das sagte ich ihr auch. Mir war klar, dass ich ihr die wahre Natur von Blitzen noch nicht erklären konnte. Blitze sind elektrische Entladungen in der Atmosphäre, die unter bestimmten Voraussetzungen entstehen. So muss zum Beispiel die heiße Uratmosphäre der Erde so dicht und aufgewühlt gewesen sein, dass sie ständig von Blitzen durchzogen wurde. Möglicherweise war die Energie dieser Entladungen sogar für die Entstehung von Leben notwendig.

In einem berühmten Experiment wies der amerikanische Chemiker Stanley Miller 1953 nach, dass ganz besonders wichtige chemische Bausteine des Lebens – Aminosäuren – entstehen, wenn man in der ›Ursuppe‹ elektrische Entladungen zündet. Es kann also gut sein, dass Blitze die notwendige Energie lieferten, um die Entwicklung von Lebewesen auf der Erde in Gang zu setzen.

Für uns Menschen wäre die Urerde allerdings kein besonders gemütlicher Ort. Weder hätten wir Sauerstoff zum Atmen, noch würden wir irgendwo klares Wasser finden. Und vermutlich käme es uns kaum in den Sinn, die allgegenwärtigen Blitze als silberne Tränen von Wolken zu betrachten.

✲

Stella ist, wie alle Kinder, von Dinosauriern fasziniert. Sie weiß, dass Dinosaurier einmal vor langer Zeit auf der Erde gelebt haben, aber sie hat noch keine genaue Vorstellung von Zeiträumen und Dauer. ›Vor langer Zeit‹ könnte für sie auch heißen: Als Oma und Opa Kinder waren. Seit sie in den Herbstferien aber das riesige Brachiosaurierskelett im Berliner Naturkundemuseum gesehen hat, ist ihr klar, dass das nicht stimmen kann.

»Wieso gibt es eigentlich keine Dinosaurier mehr?«, wollte sie von mir wissen.

»Ach, na ja«, sagte ich. »Das ist ganz normal. Früher gab es viele Tiere, die es heute nicht mehr gibt.«

»Und warum?«

»Sie haben irgendwann keine Kinder mehr bekommen.«

Ungläubig sagte sie: »Alle Tiere bekommen doch Kinder!«

»Ja, schon. Aber manchmal bekommen sie eben *keine* mehr. Sie werden müde und legen sich lieber schlafen. Man muss auf Kinder ja immer gut aufpassen.«

»Die Dinosaurier sind müde geworden und wollten keine Kinder mehr?«

»So ungefähr.«

»Das finde ich aber blöd«, sagte sie.

»Na klar. Ist es ja auch. Aber für viele andere Tiere war das sehr gut. Die Dinosaurier waren ja ziemlich gefährlich.«

»Nicht alle«, belehrte sie mich.

»Das stimmt. Aber manche schon.«

»Und warum sind nicht nur die gefährlichen müde geworden, und die anderen nicht?«

»Ja«, sagte ich. »Das wäre schön. Aber schlafen müssen eben alle irgendwann.«

Damit gab sie sich zufrieden. Sie sprang zu den Vitrinen mit den Ichthyosauriern und hopste von dort weiter zum Archäopteryx. Mir war nicht ganz wohl bei der Erklärung, die ich ihr gegeben hatte. Aber hätte ich ihr die Wahrheit sagen sollen? Hätte ich ihr sagen sollen, dass vor rund sechzig Millionen Jahren ein gewaltiger Gesteinsbrocken, ein Meteorit von rund zehn Kilometern Durchmesser, die Erde getroffen und die Ära der Dinosaurier in kürzester Zeit beendet hatte?

Es muss die Hölle gewesen sein, wenn nicht noch schlimmer. Der Meteorit schlug in der Region des heutigen Golfs von Mexiko auf der Halbinsel Yucatán ein. Die Energie des Aufpralls entsprach dem Zehntausendfachen der Energie des gesamten Atombombenarsenals der Großmächte. Unvorstellbare Mengen an Staub wurden in die Atmosphäre geschleudert und verdunkelten über Jahre den Himmel. Die meisten Pflanzen starben ab, womit den Tieren die Nahrungsgrundlage entzogen wurde. Eine gewaltige Flutwelle wälzte sich über die Kontinente, und schwefelhaltiger Regen zersetzte die Schalen der Dinosauriereier. Über siebzig Prozent aller damals lebenden Tierarten starben aus, und die zweihundert Millionen Jahre andauernde Herrschaft der riesigen Echsen ging zu Ende.

Hätte ich Stella wirklich sagen sollen: »Das Universum hat uns hervorgebracht, aber es kann uns im Bruchteil einer Sekunde auch wieder zerstören?« Denn so ist es: Rein statistisch kommt es alle hundert Millionen Jahre zu einem Meteoriteneinschlag von derart katastrophalem Ausmaß. Das Nördlinger Ries in Süddeutschland ist der Einschlagkrater eines Meteoriten, der die Erde vor etwa fünfzehn Millionen Jahren getroffen hat. Mit anderthalb Kilometern Durchmesser war er verhältnismäßig klein, und seine Auswirkungen blieben lokal begrenzt. So viel Glück im Unglück hatten die Dinosaurier nicht.

Ich hatte Stella erzählt, dass für sie im Himmel ein Stern leuchtete und darauf wartete, von ihr entdeckt zu werden. Ihr jetzt zu sagen, dass dort auch dunkle Gesteinsbrocken umherflogen, die auf einen Schlag nahezu alles vernichten konnten, was es an Leben auf der Erde gibt, brachte ich nicht übers Herz.

✡

Vor kurzem hat Stella E.T. gesehen. Eigentlich bin ich dagegen, dass sie schon mit sechs Jahren anderthalb Stunden vor dem Fernseher zubringt, aber bei E.T. habe ich eine Ausnahme gemacht. Ich hatte gehofft, der Film würde sie noch neugieriger auf den Weltraum machen als mein Fernglas. Aber natürlich vermittelt so ein Hollywoodfilm doch ein paar falsche Vorstellungen von den Verhältnissen im Kosmos.

»Papi«, sagte sie hinterher zu mir, »können wir nicht auch mal einen Außerirdischen bei uns aufnehmen?«

»Nun ja«, sagte ich, »das mit den Außerirdischen ist so eine Sache. Es gibt sie nicht wirklich, sondern nur im Film.«

Sie schüttelte entschieden den Kopf: »Sven hat gesagt, dass es Außerirdische gibt und dass es geheimgehalten wird. Deswegen will die Regierung E.T. ja auch fangen.«

Sven war der Bruder von Berit, ihrer besten Freundin. Und er war vor kurzem dreizehn geworden.

»Es kann schon sein«, sagte ich, »dass es im Weltraum noch andere Lebewesen außer uns Menschen gibt. Das ist möglich. Niemand weiß das bis heute so genau. Aber es ist wirklich nicht möglich, dass sie zu uns kommen. Der Weg ist viel zu weit.«

»Und warum haben dann schon so viele Menschen UFOs *gesehen*?«, entgegnete sie mir triumphierend.

Das war eine gute Frage. Die ersten UFO-Meldungen stammen aus der Zeit kurz nach dem Ende des Zweiten Weltkriegs. In der ersten Hälfte der vierziger Jahre des vergangenen Jahrhunderts war der Luftkrieg, waren Bilder von Bomberstaffeln, Suchscheinwerfern am Nachthimmel und Flak-Feuer eine furchterregende neue Menschheitserfahrung.

Lichter am Himmel waren in dieser Zeit eine bedrohliche Erscheinung, und als der amerikanische Pilot Kenneth Arnold im Juni 1947 beim Auftanken seiner Maschine einer Gruppe von staunenden Zuhörern erklärte, er habe neun sonderbare, äußerst schnelle und leuchtende Objekte am Himmel gesehen, machte er damit sofort landesweit Schlagzeilen.

UFO ist die Abkürzung für ›Unidentified Flying Object‹, was so viel wie unbekanntes Flugobjekt heißt. Aus den USA schwappte die UFO-Welle nach Europa. In den fünfziger Jahren wurden in Großbritannien erste UFOs gesichtet. Die Zahl der UFO-Berichte, die dem britischen Verteidigungsministerium erstattet wurden, stieg danach stetig an, erreichte 1978 mit 750 Meldungen ihren Höhepunkt und nimmt seitdem wieder ab.

Die siebziger Jahre waren in mancherlei Hinsicht anders als die vorangegangenen Jahrzehnte. In unseren westlichen Zivilisationen fingen die Menschen an, sich stärker für ihre körperliche und seelische Gesundheit zu interessieren als früher. Sie begannen zu joggen und zum Psychiater zu gehen.

In dieser Zeit entwickelten auch die Außerirdischen ein starkes Interesse für unsere seelische und körperliche Natur. Hatten sie sich vorher darauf beschränkt, mit ihren Raumschiffen zu erscheinen und wieder davonzufliegen, häuften sich nun Meldungen von Menschen, die behaupteten, von Außerirdischen entführt und medizinisch untersucht worden zu sein.

Die meisten dieser Entführungsberichte ähneln sich. Die Opfer werden in Raumschiffen sonderbaren medizinischen Experimenten unterzogen. Das besondere Interesse der Außerirdischen gilt dabei den menschlichen Fortpflanzungsorganen. Wenn Kinder damit beginnen, aus Neugier ihre Geschlechtsteile zu untersuchen, nennt man das Doktorspiele. Warum die Außerirdischen, die uns als Raumschiffkonstrukteure so weit überlegen sind, sich medizinisch wie Kinder verhalten, ist allerdings bis heute ein Rätsel.

Offenbar spiegeln sich in UFO-Berichten immer unsere aktuellen Ängste, Marotten und Sehnsüchte wider. E.T. macht da keine Ausnahme. Er ist freundlich und kindlich und verkörpert all das, was uns in der geordneten und häufig so lieb- und lustlosen Erwachsenenwelt fehlt. Er, der Außerirdische, ist der bessere Irdische. Und das war eine Botschaft, die ich Stella durchaus nicht nehmen wollte.

»Vielleicht«, sagte ich also, »sehen die Menschen UFOs, weil sie sie sehen *wollen*. Weil ihnen die Vorstellung *gefällt*, dass es so ein nettes Wesen wie E.T. gibt.«

»Aber Papi«, sagte sie. »man sieht doch nicht das, was man sehen *möchte*. Dann würde ich ja immer Erdbeeren sehen.«

»Hm«, machte ich, »was würdest du denn lieber sehen? UFOs oder Erdbeeren?«

»Erdbeeren«, sagte sie sofort.

Und das beruhigte mich. Die anderthalb Stunden E.T. hatten ihr offenbar nicht geschadet.

✲

Es gibt einen bedeutenden Unterschied zwischen dem Universum und Stellas Kinderzimmer: Im Universum geht nichts verloren. Während bei Stella einzelne Puzzleteile, Memorykarten, Spielfiguren, Würfel, Hörkassetten, Puppenkleider und Unmengen von Buntstiften auf Nimmerwiedersehen verschwinden, wacht das Universum sehr penibel über all seine Bestandteile. Kein Staubkorn, kein Atom, ja nicht einmal der winzigste kleine Lichtblitz kann unbemerkt aus ihm hinausschlüpfen.

Umso sonderbarer ist es, was geschieht, wenn die Kerne von Atomen zusammenstoßen. Zwei Wasserstoffkerne können dabei aneinander hängen bleiben und sich zu einem Heliumkern vereinigen. Allerdings wiegt das Heliumatom etwas weniger als die beiden Wasserstoffatome zusammen, und das dürfte eigentlich nicht sein. Denn wo bleibt die fehlende Masse, wenn im Universum tatsächlich nichts verloren geht?

Die Antwort fand Albert Einstein zu einer Zeit, als man noch gar nicht wusste, dass sich zwei Wasserstoffatome zu einem Heliumatom vereinigen können. Und sie lautet: Die Masse, die dem Heliumatom fehlt, verwandelt sich bei der Verschmelzung der beiden Wasserstoffatome in Energie! Das ist der Inhalt der wohl berühmtesten Gleichung aller Zeiten: $E=mc^2$ – in Worten: Energie ist gleich Masse multipliziert mit dem Quadrat der Lichtgeschwindigkeit.

Zwischen den Notizzetteln an der Pinwand in meinem Arbeitszimmer steckt eine Postkarte mit einer Fotografie von Albert Einstein – nicht die weltberühmte mit der herausgestreckten Zunge, sondern eine, die kurz vor seinem Tod entstanden ist. Als Stella sie entdeckte, rief sie: »Guck mal, Papi, der sieht ja genauso zerknautscht aus wie E.T.«

Ich betrachtete die Fotografie und stellte fest, dass sie recht hatte. »Das ist Albert Einstein«, sagte ich. »Er war ein sehr berühmter Physiker.«

»Ach, *der* ist das?«, sagte Stella. »Sven hat neulich gesagt, der wäre ein ganz schlechter Schüler gewesen.«

»So so«, sagte ich und dachte, dass ich mir diesen Sven einmal würde vorknöpfen müssen. Für die oft wiederholte Behauptung, Albert Einstein sei kein guter Schüler gewesen, finden sich in seinen Zeugnissen nämlich keine Belege. Allerdings nahm seine Karriere einen sonderbaren Verlauf. Als er 1905 die Spezielle Relativitätstheorie und seine berühmte

Gleichung $E = mc^2$ veröffentlichte, war er nicht Physik-Professor, sondern hatte eine Anstellung am eidgenössischen Patentamt in Bern. Das war sehr ungewöhnlich, und vermutlich laden solche Umwege zur Legendenbildung ein. Das schönste Bonmot über Albert Einstein stammt übrigens von Charlie Chaplin. Bei der Premiere seines Films ›City Lights‹ soll er beim Bad in der Menge zu Einstein gesagt haben: »Mir applaudieren sie, weil mich alle verstehen, und Ihnen, weil niemand Sie versteht.«

Das stimmte vermutlich, und es mag tatsächlich schwer sein, die Relativitätstheorie zu verstehen. Man sollte vor Gleichungen aber keine Angst haben, denn intuitiv wendet man Gleichungen bei jedem Einkauf im Supermarkt an. Wenn hundert Gramm Wurst einen Euro kosten, dann kosten hundertfünfzig Gramm ein Euro fünfzig. In Worten: Der Einkaufspreis ist gleich der Masse multipliziert mit dem Grundpreis für eine bestimmte Menge. Klingt kompliziert, ist aber einfach.

Und genau genommen besagt Einsteins Gleichung $E = mc^2$ nichts anderes, wenn man c^2 – also das Quadrat der Lichtgeschwindigkeit – als Grundpreis für die Energie betrachtet. Als Zahl ist c^2 zwar unerschwinglich hoch, doch das bedeutet auch: Für eine winzige Menge Materie (m) bekommt man eine enorme Menge Energie (E). Und darüber können wir sehr froh sein, denn die Sonne produziert ihre gesamte Energie durch die Verschmelzung von Wasserstoff zu Helium. Dass es tagsüber so angenehm hell und warm ist, verdanken wir der kosmischen Supermarktgleichung von Albert Einstein.

Leider ermöglicht seine berühmte Gleichung aber auch den Bau von Wasserstoffbomben, und darunter hat er sehr gelitten. Er soll einmal gesagt haben: »Zwei Dinge sind unendlich: das Universum und die menschliche Dummheit. Aber bei dem Universum bin ich mir nicht ganz sicher.« Er befürchtete, dass die Menschheit nicht klug genug sein könnte für den Besitz von Atomwaffen. Und man kann nur hoffen, dass er – einer der intelligentesten Menschen, die je gelebt haben – sich in diesem Punkt geirrt hat.

Manchmal haben Astronomen wie ich sonderbare Gedanken. Als meine Frau vor kurzem Stellas ziemlich unaufgeräumtes Kinderzimmer betrat und verzweifelt ausrief, dass es dort aussähe, als habe eine Bombe eingeschlagen, dachte ich: Na logisch!, es ist ja auch eine Menge Masse – Puzzleteile, Memorykarten, Spielfiguren, Würfel … – verloren gegangen.

✫

Je mehr wir uns dem Winter nähern, umso kürzer werden die Tage. Bei klarem Wetter blinken schon vor dem Abendessen die ersten Sterne am Himmel auf, und nachdem ich Stella einmal von ihrer Freundin Berit abgeholt hatte, blieb sie vor der Haustür stehen und sah nach oben.

»Papi, wenn ich meinen Stern gefunden habe, wie kann ich ihn dann wiederfinden? Was ist, wenn er weiterfliegt?«

»Sterne können nicht umherfliegen«, sagte ich. »Sie stehen immer am gleichen Himmelspunkt.«

»Das ist aber ziemlich langweilig«, befand sie.

In einer Einschlafgeschichte hatte ich ihr einmal erzählt, die Sterne seien kleine silberhaarige Engelwesen, und das vertrug sich natürlich nicht besonders gut damit, dass ich nun behauptete, sie seien gleichsam am Himmelsgewölbe festgenagelt.

»Sie bewegen sich schon«, fügte ich also hinzu, »aber wir können diese Bewegung nicht wahrnehmen. Das ist wie bei Flugzeugen. Die bewegen sich auch sehr schnell, und trotzdem sieht es so aus, als würden sie nur ganz langsam über den Himmel kriechen. Das liegt daran, weil sie so weit von uns weg sind. Und die Sterne sind noch unglaublich viel weiter von uns entfernt als Flugzeuge.«

Billionenfach weiter, um genau zu sein, was wiederum bedeutet, dass sie sich sehr schnell bewegen können, bevor wir irgendetwas davon mitbekommen. Tatsächlich liegt die Eigenbewegung der Sterne in einer Größenordnung von zehn bis hundert Kilometern pro Sekunde! Derart schnell, bräuchte ein Jet gerade mal eine gute Minute oder sogar nur wenige Sekunden, um von Berlin nach Paris zu kommen.

Im kosmischen Maßstab sind solche Geschwindigkeiten allerdings eher klein. Ein Raumschiff wäre bei diesem Tempo rund fünfzig- bis hunderttausend Jahre unterwegs, um zu einem unserer Nachbarsterne zu gelangen. Und ebenso lange wird es auch dauern, bis sich das Aussehen des Nachthimmels durch die Eigenbewegung der Sterne merklich verändert. Der etwas klobige Große Wagen wird in hunderttausend Jahren zu einem recht schnittigen Sportcabriolet werden, und Cassiopeia, die zurzeit wie ein W aussieht, wird dann eher einem S ähneln.

In der Lebensspanne eines Menschen bleiben diese Veränderungen am Nachthimmel aber unsichtbar. Ich konnte Stella also beruhigen: Solange sie lebte, würde ihr Stern immer am gleichen Himmelspunkt stehen. Und um dieser sehr statischen Existenzform ein wenig die Tristesse zu nehmen, sagte ich: »Ein Baum steht ja auch sein Leben lang an der gleichen Stelle. Und trotzdem langweilt er sich nicht. Er kennt es ja nicht anders.«

Das leuchtete ihr ein, und sie hüpfte fröhlich ins Haus. Ich aber dachte ein wenig melancholisch: Die Zeiten, in denen sich eine Unkorrektheit mit einer zweiten ausbügeln ließ, würden vermutlich schneller vorübergehen, als mir lieb war.

Als sie im Bett lag, sah sie aus dem Fenster und rief: »Sieh doch mal, Papi, was für ein schöner Stern! Das könnte doch *mein* Stern sein.«

Ich reagierte sehr ›astronomisch‹ und sagte: »Leider nein. Das ist kein Stern, sondern die Venus, ein Planet.«

»Was ist ein Planet? Er sieht doch genauso aus wie ein Stern.«

»Nicht ganz. Er flackert nicht.«

Stella kniff die Augen zusammen und fixierte den Lichtpunkt besonders intensiv. »Und wieso nicht?«

»Weil Planeten nicht so weit von uns entfernt sind wie Sterne. Planeten umkreisen die Sonne. Genauso wie die Erde. Die Erde ist auch ein Planet.«

Dies zu erkennen war ein enormer Fortschritt in der Geschichte der Menschheit. Wenn wir nachts zum Himmel aufschauen, sieht es so aus, als würden wir auf der Erde im Mittelpunkt einer riesigen Sternenkugel schweben. Doch dieser Eindruck trügt. Inzwischen wissen wir, dass die Erde nicht das Zentrum des Universums ist, sondern ein kugelförmiger Gesteinshimmelskörper wie viele andere auch – und mittlerweile haben wir uns daran gewöhnt, dass es so ist.

Die Astronomie hat der Erde ihre besondere Stellung im Kosmos genommen. Doch zusammen mit dem technischen Fortschritt hat sie uns die Bedeutung unseres Heimatplaneten aus einer neuen Perspektive wieder sichtbar gemacht. Als die ersten Raumschiffe den Mond umkreisten, haben sie ihre Kameras auch auf die Erde gerichtet. Und es dürfte kaum jemanden geben, der das berühmte Bild vom Erdaufgang über dem Mondhorizont seither noch nie gesehen hat – ein Bild, das deutlich macht, was für ein gewaltiger Unterschied zwischen Erde und Mond besteht.

Von den vielen Himmelskörpern in unserem Sonnensystem ist die Erde nach allem, was wir wissen, der einzige, der Leben hervorgebracht und erhalten hat. Sie ist genau das, was das Foto vom Erdaufgang uns zeigt: eine blaue Oase in einem gewaltigen dunklen Nichts.

Das Bild vom ›Raumschiff Erde‹ hat im kollektiven Bewusstsein der Menschheit seither seinen festen Platz. Ob wir entsprechend handeln, steht auf einem anderen Blatt – aber vor der kosmischen Schönheit und Verletzlichkeit unserer

Planetenheimat kann seitdem niemand mehr die Augen verschließen.

Stella jedenfalls wird in diesem Bewusstsein aufwachsen – und das erfüllt mich mit einer gewissen Befriedigung. Gelegentlich wird der Astronomie ja vorgeworfen, die Erde entzaubert und marginalisiert zu haben, indem sie ihr einen durchschnittlichen Randplatz in einer durchschnittlichen Galaxie zugewiesen hat. Doch ebenso wissen wir jetzt: Es gibt in unserer unmittelbaren Nähe nichts, das mit ihr zu vergleichen wäre – auch das hat uns die Astronomie gezeigt. Die Option auszuwandern hat die Menschheit bis auf Weiteres nicht. Und ich hoffe, dass Stella, wenn sie groß wird, weiß, was sie an dem Planeten hat, auf dem sie lebt.

»Und warum darf die Venus nicht mein Stern sein, auch wenn sie ein Planet ist?«, fragte sie jetzt traurig.

»Ach, weißt du«, sagte ich. »Die Venus ist zwar sehr schön, aber sie hat ein paar heikle Seiten. Auf der Venus ist es zum Beispiel sehr ungemütlich. Im Gegensatz zu unserer schönen blauen Erde ist sie ein wahrer Höllenplanet. Aber das erzähle ich dir ein anderes Mal.«

»Na gut!«, sagte sie und verkroch sich unter die Bettdecke, die mit vielen kleinen rosa Sternchen gemustert war.

✡

Auf der Suche nach ihrem Stern hat Stella ihre erste systematische astronomische Entdeckung gemacht: Sie hat mit einer gewissen Verwunderung festgestellt, dass die Sterne unterschiedliche Farben haben.

»Manche sind weiß oder hellblau«, sagte sie zu mir. »Und andere sind rot oder golden. Die finde ich schöner. Mein Stern soll golden sein. Goldene Sterne sind ja auch viel wärmer.«

Mir blieb nichts anderes übrig, als sie wieder einmal zu korrigieren. »Nein«, sagte ich, »die bläulich-weißen sind die heißeren.«

Das erstaunte sie sehr. »Aber Schnee ist doch auch weiß. Und er ist ganz kalt. Und eine Kerzenflamme ist golden und heiß.«

»Ja«, sagte ich, »das stimmt. Aber auf den Sternen liegt kein Schnee. Wenn es stimmen würde, dass Weißes immer kalt ist, dann müssten ja auch Blitze kalt sein. Aber Blitze sind heiß. Sehr heiß sogar. Sie können Bäume anzünden, weil sie viel heißer sind als Kerzen. Genau wie die Sterne – die sind auch heißer als Kerzen. Und ihre Farbe kommt auch nicht daher, dass etwas auf ihnen brennt.«

Da Sterne ihre Energie durch die Verschmelzung von Wasserstoff zu Helium gewinnen, sind sie im Prinzip so etwas wie riesige Wasserstoffbomben. Sie explodieren lediglich deswegen nicht, weil sie dafür, vereinfacht gesagt, zu schwer sind. Die Kraft der Explosion reicht nicht aus, um sie zu zerstören. Ihre Leuchtfarbe hängt dabei in erster Linie von ihrer Masse ab. Sehr massereiche Sterne erzeugen sehr viel Energie. Dadurch werden sie sehr heiß und leuchten bläulich-weiß.

Massearme Sterne dagegen erzeugen weniger Energie und leuchten rötlich. Man kann also aus der Farbe eines Sterns auf seine Masse schließen. Die Regel (sie hat ein paar Ausnahmen) ist ein gutes Beispiel dafür, wie man Astronomie betreibt und aus dem Lichtpünktchen, das man im Fernrohr beobachtet, auf das schließt, was man wirklich sieht.

Aber all das interessierte Stella nicht so sehr. Sie sagte: »Ist mir egal, wie heiß die Sterne sind. Ich will trotzdem einen goldenen. Ich habe ja auch blonde Haare. Deswegen. – Sag mal, Papi, gibt es eigentlich auch schwarze Sterne? Berit möchte nämlich auch einen Stern. Und sie hat ja ganz dunkle Haare.«

Das war eine interessante Frage und ich sagte: »Ja, es gibt so etwas wie schwarze Sterne. Und sie sind sehr geheimnisvoll. Wir nennen sie Schwarze Löcher. Ich werde dir ein anderes Mal von ihnen erzählen.«

✵

Berit, Stellas beste Freundin, wollte jetzt also ebenfalls ihren eigenen Stern. Stella hatte ihr von ihrer Sternensuche erzählt, und daraufhin wurde Berit neidisch. Sie wollte nicht, dass Stella irgendwann ihren eigenen Stern haben würde und sie selbst nicht. Und so lief sie zu ihren Eltern und wünschte sich zu Weihnachten ein Fernglas.

Berits Mutter rief mich daraufhin an. »Wie ich höre, fängst du schon an, Nachwuchs für deinen Job zu rekrutieren«, sagte sie ein wenig ironisch. »Aber du hast ja recht: Jetzt ist das beste Alter für unsere Süßen, um etwas zu lernen. Aber was für ein Fernglas soll ich Berit denn kaufen? Ist das egal, oder muss man dabei irgendetwas beachten?«

»Aber ja«, sagte ich eilfertig. »Das Fernglas sollte einigermaßen lichtstark sein, zur besseren Kometenbeobachtung oder um die Milchstraße zu durchmustern. Ihr solltet ein Glas mit mindestens fünfzig Millimetern Öffnung kaufen. Und es sollte nicht zu schwer sein, weil's ja für ein Kind ist. Ach ja, und testet gleich nach dem Kauf, ob die Sterne auch wirklich punktförmig abgebildet werden. Manchmal kommt es zu Doppelbildern, dann musst du das Ding gleich zurückbringen und ein neues verlangen. Ansonsten empfehle ich als Zubehör: Stativ und Stativadapter und ein paar Gummi-Augenmuscheln, um Streulichteinfall von der Seite zu verhindern. Und du solltest dabei auf den festen Sitz der Muscheln achten, da drehen sie einem gerne was Billiges an. Alles in allem würde ich dir ein 7 x 50er empfehlen. Das bedeutet siebenfache Vergrößerung bei einem Objektivdurchmesser von fünfzig Millimetern. Und mit der Formel Objektivöffnung durch Vergrößerungsfaktor gleich Austrittspupille kannst du die Größe des Okularlöchleins berechnen. Unsere Augenpupille ist etwa sieben Millimeter groß bei voller Öffnung. Das ändert sich im Alter allerdings. Im Gegensatz zu unseren Kindern schaffen wir vielleicht gerade mal noch fünf Millimeter. Da kann man nichts machen, aber da das Fernglas ja für Berit ist, empfehle ich sieben Millimeter. Ja, das wäre es dann auch schon fast. Natürlich sollte das Gesichtsfeld nicht zu klein sein. Die Hersteller geben das überschaubare Feld meist in Metern pro tausend Meter an, aber ich finde es anschaulicher, sich das in Winkelgraden vorzustellen. Die Frage ist einfach: Wie groß ist das Kuchenstück, das man sieht? Ist es schmal und spitz oder breit geöffnet? Ich denke, so ab sieben oder acht Grad wird es interessant. Um übrigens die Sterne im Zenit zu beobachten, ohne Genickstarre zu bekommen, solltet ihr vielleicht noch eine bequeme Isomatte kaufen. Da können sich unsere Goldstückchen dann ins Gras legen und relativ entspannt ihre Sterne suchen. Und ansonsten wären vielleicht noch Taukappen nützlich, damit das Objektiv nachts nicht beschlägt und …«

An dieser Stelle unterbrach sie mich: »Schon gut, schon gut. Das Ganze ist ja nur eine Phase. In ein paar Wochen liegen die Dinger unbenutzt in der Ecke herum – da sollten wir uns nichts vormachen. Ich glaub, ich schau mal, ob ich was bei Ebay finde. Jedenfalls danke ich dir ganz herzlich für die Tipps. Das war wirklich alles sehr nützlich. Bis bald, ich muss los.«

✲

»Papi«, sagte Stella, »wenn ich meinen Stern gefunden habe, heißt er dann so wie ich?«

»Wenn du das möchtest«, sagte ich. »Du kannst dir einen Namen ausdenken, der dir gefällt. Galileo Galilei – das war der, dem der Papst verboten hat, über seine Beobachtungen zu sprechen – hat vier Lichtpünktchen in der Nähe des Jupiters entdeckt und sie Mediceische Gestirne genannt.«

»Medizinische Gestirne? Das ist aber ein komischer Name. Warum das denn?«

»Nicht medizinische, sondern Mediceische Gestirne«, verbesserte ich sie. »Galilei wurde 1564 in Pisa geboren, also vor 450 Jahren. Damals wurde am Hof bei reichen Familien viel über Wissenschaft diskutiert. Es war eine Zeit großer Veränderungen. Schiffe fuhren erstmals um die ganze Welt, und es wurden viele neue Entdeckungen gemacht. Die Wissenschaftler hatten also viel zu tun, und die Menschen interessierten sich auch sehr für ihre Ansichten. Die Theorien, die man kannte, konnten nämlich vieles nicht mehr erklären. Galilei stand im Dienste der Medicis, einer der reichsten Familien in Florenz. Das war für ihn von großem Nutzen. Erstens haben sie seine Forschungen finanziert, und zweitens konnte man in den Fürstenhäusern damals sehr frei arbeiten und reden, weil man auf die Lehren der Kirche keine Rücksicht zu nehmen brauchte. Dadurch kam man leichter auf neue wissenschaftliche Ideen.«

Bei den philosophischen Schaudisputen zu Zeiten Galileis, die zum Beispiel nach üppigen Mahlzeiten zur Unterhaltung der Tischgesellschaft stattfanden, ging es meistens zwar nicht um Beobachtungen, sondern um Kompetenzgerangel, Fächergrenzen und die Frage, ob denn Himmelsphänomene nun Sache der Philosophie, der Theologie oder der Mathematik seien. Der Gewinn für die Naturwissenschaften war dennoch groß: Gleichsam als dringend benötigter Schiedsrichter ging aus den Meinungsverschiedenheiten das Experiment hervor. Und damit wurde die höfische Kultur zur Keimzelle des modernen Wissenschaftsbetriebs.

Abschließend sagte ich also zu Stella: »Galilei hat die Jupitermonde Mediceische Gestirne genannt, weil ihn die Familie Medici bei seinen Forschungen sehr unterstützt hat.«

Sie dachte einen Moment darüber nach und sagte dann etwas, das ich so schnell nicht vergessen werde: »Dann müsste ich meinen Stern ja ›Papistern‹ nennen. Wie findest du das? Das klingt doch süß. Oder findest du nicht?«

✡

Weihnachten steht vor der Tür! Im Haus duftet es nach Keksen und brennenden Kerzen aus Bienenwachs. Und wie jedes Jahr denke ich beim Anbringen des Sterns auf der Spitze des Weihnachtsbaumes darüber nach, ob es den Stern von Bethlehem wirklich gegeben hat. Geklärt ist diese Frage nämlich bis heute nicht. Mit Computern lässt sich der Lauf der Gestirne über Jahrtausende minutengenau zurückrechnen. Und natürlich hat man auf diese Weise versucht herauszufinden, ob es zurzeit von Christi Geburt eine astronomische Erscheinung gegeben hat, die als Stern von Bethlehem Eingang in die Bibel gefunden haben könnte. Aber alle Versuche, ein passendes Himmelsereignis zu finden, haben kein eindeutiges Resultat zutage gefördert.

Der italienische Maler Giotto di Bodone hat den Stern von Bethlehem im 14. Jahrhundert als Kometen gemalt – als Schweifstern. Auf seinem Bild »Die Anbetung der Könige« aus dem Jahr 1305 leuchtet über dem Christuskind in der Krippe ein oranger Feuerball mit einem langen, spitz auslaufenden Schweif. Zwei Jahre zuvor hatte Giotto den Halleyschen Kometen gesehen und diesen recht realistisch in sein Bild hineingemalt.

Diese Form der Darstellung ist bis heute die häufigste geblieben. Es ist aber eher unwahrscheinlich, dass es sich bei dem in der Bibel beschriebenen Himmelsphänomen tatsächlich um einen Kometen gehandelt hat. Kometen kehren in regelmäßigen Abständen wieder, und keiner von denen, die wir kennen, war zur Zeitenwende sichtbar. Außerdem wurden Kometen im Altertum stets mit Unglück und nicht mit freudigen Ereignissen in Verbindung gebracht. Und es gibt auch keine außerbiblische Quelle, die einen Kometen im fraglichen Zeitraum belegt.

Einer anderen Theorie zufolge könnte auch ein sehr seltenes astronomisches Ereignis – eine Supernova – von den Evangelisten als Stern von Bethlehem interpretiert worden sein. Eine Supernova ist die Explosion eines sehr großen Sterns, der das Ende seiner Entwicklung erreicht hat. Sie leuchtet am Firmament für kurze Zeit so hell auf, dass man den Eindruck haben könnte, dort sei ein neuer Stern entstanden. Doch ist es uns Astronomen bisher nicht gelungen, den Überrest einer solchen Supernova, ihre Explosionswolke gewissermaßen, die auch heute, nach 2000 Jahren, noch sichtbar sein müsste, am Nachthimmel zu entdecken.

Am plausibelsten ist vielleicht die Hypothese, dass der Stern von Bethlehem ein bedeutsames Ereignis für Sterndeuter gewesen sein könnte. Jupiter und Saturn standen im Jahr 7 v. Chr. für kurze Zeit sehr nah beieinander. Jupiter symbolisierte als ›Königsstern‹ den höchsten babylonischen Gott Marduk, während Saturn mit dem König Israels in Verbindung gebracht wurde. Und da beide Planeten im Sternbild Fische standen, das in Babylon das Land Palästina symbolisierte, könnte die Annäherung von Saturn und Jupiter als Geburt eines neuen Königs in Palästina gedeutet worden sein.

Vielleicht wurde Jesus also gar nicht im Jahr eins, sondern ein paar Jahre früher geboren – endgültig klären lässt sich diese Frage mit astronomischen Mitteln nicht. Und doch bringe ich Jahr für Jahr aufs Neue einen goldenen Stern an der Spitze unseres Weihnachtsbaumes an. Und warum auch nicht? Weihnachten ist bekanntlich ein Fest der Freude und nicht eines der Fakten.

✲

Kurz vor Heiligabend kam Stella mit ihrer Freundin Berit zu mir und sagte traurig: »Sven hat gesagt, es gibt überhaupt keine Glückssterne. Das wäre alles nur Einbildung.«

Das brachte mich in eine schwierige Lage. Weder wollte ich Stella und Berit enttäuschen noch einen Zusammenhang zwischen den Sternen und unserem Leben herstellen, den es nicht gibt. Ich hatte ja auch nie behauptet, dass ihr Stern ihr Glück bringen würde. Jetzt sah ich aber, dass sie das natürlich angenommen hatte.

Ich wich aus: »Also passt auf. Die meisten Namen der Sterne stammen aus dem Arabischen. Und die drei hellsten Sterne im Sternbild Wassermann heißen Sadalmelik, Sadalsuud und Sadachbia. Und wisst ihr, was das heißt? Glücksstern des Königs, Allerwelts-Glücksstern und Glücksstern der Zelte! Da seht ihr es. Nun gut, früher hatten nur die Könige ihren persönlichen Glücksstern, aber das hat sich heute geändert. Heute kennen wir so viele Sterne, dass es für alle reicht! Wir brauchen keinen Allerwelts-Glücksstern für die Untergebenen mehr einzuführen, sondern jeder darf sich seinen eigenen aussuchen. *Alle* Sterne sind also Glückssterne und *jeder* hat einen. Jeder Stern ist einzigartig, genau wie jeder Mensch. – Und du«, wandte ich mich an Berit, »du kannst deinem Bruder ausrichten, dass er bitteschön mal zu mir kommen soll. Ich habe ein Wörtchen mit ihm zu reden.«

Stella und Berit sahen sich an und überlegten fieberhaft, ob sie mir glauben sollten. Ich war gespannt, ob meine Autorität als Vater und Astronom ausreichen würde, um sie von meinen Worten zu überzeugen. Sie *wollten* ja an die Existenz von Glückssternen glauben – und das gab schließlich den Ausschlag: Sie nickten einander zu. Und als sie aus dem Zimmer gingen, hörte ich Stella zu Berit sagen: »Sven kann das gar nicht wissen. Mein Papi ist schließlich Astronom.«

Und Berit sagte: »Wenn ich mein Fernglas habe, finde ich meinen Stern bestimmt ganz schnell.«

Und Stella sagte: »Aber ich finde meinen schneller.«

Kinder lieben Wettbewerbe. Und warum auch nicht? Warum sollten sich Stella und Berit nicht einen kleinen Wettkampf als Himmelsbeobachterinnen und Glückssternsucherinnen liefern? Die Amerikaner wären niemals auf dem Mond gelandet, wenn sie nicht den Ehrgeiz gehabt hätten, es vor den Russen zu schaffen. Und vor gut zehn Jahren lieferten sich ein paar Astronomen ein spannendes Wettrennen um die Entdeckung des ersten extrasolaren Planeten. Die wissenschaftliche Wahrheit ist ewig und zeitlos, aber kein Wissenschaftler ist frei von dem Ehrgeiz, der Erste zu sein, der sie entdeckt. Und wenn Wissenschaftler es nicht sind, wie sollten es dann erst Kinder sein! (Oder ist es etwa so, dass wir Wissenschaftler bestimmte kindliche Züge niemals abgelegt haben?)

✲

Um die Weihnachtszeit herum machen sich auch Astronomen so ihre Gedanken. Zum Beispiel frage ich mich in diesen Tagen gelegentlich, ob es denn nun im Universum irgendwo einen Platz für Gott gibt oder nicht? Und ich frage mich, warum es mir eigentlich so schwer fällt, Stella gegenüber die Existenz Gottes mit einem dicken Fragezeichen zu versehen. Gestern sagte sie zu Berit: »Natürlich gibt es den Weihnachtsmann. Wenn es ihn nicht gäbe, gäbe es ja auch nicht den Osterhasen.«

Die verzwickte Logik dieses Arguments hat mich sehr beeindruckt. Auch wir Astronomen suchen ja nach einem logischen Weltsystem ohne innere Widersprüche. Warum, so fragen wir uns, ist das Universum so, wie es ist, und nicht anders? Und unsere Antwort ist: wegen der Naturgesetze. Wir glauben, dass die Naturgesetze eine Art Bauplan sind, der dem Ganzen zugrunde liegt.

Allerdings haben die Naturgesetze eine Reihe von erstaunlichen Eigenschaften. Würde man sie beispielsweise in manchen Punkten nur ein kleines bisschen abändern, könnte im Universum kein Kohlenstoff mehr entstehen – und immerhin ist Kohlenstoff die chemische Basis für jede Form von Leben, so wie wir es kennen!

Man könnte das eine glückliche Fügung nennen und nicht weiter darüber nachdenken. Doch die Wahrheit ist: Von solchen Fügungen gibt es erstaunlich viele – ja, die Anzahl der physikalischen Größen, die für unsere Existenz geradezu wie maßgeschneidert zu sein scheinen, ist verblüffend hoch. Sie ist sogar so hoch, dass es einem beinahe schwerfällt, hier allein den blinden Zufall am Werk zu sehen. Sollten wir also doch annehmen, dass es ein Gott war, der uns wollte und alles so wohldurchdacht eingerichtet hat, dass es uns geben kann?

Nicht unbedingt. Vielleicht, so könnte man argumentieren, gibt es ja viele Universen, und sie alle sind ein wenig anders. Die meisten dieser Universen wären dann aufgrund ungünstiger Eigenschaften unbelebt, und nur wenige wären so beschaffen, dass sie Leben hervorbringen und erhalten könnten. Und es wäre dann ganz logisch, dass wir in einem von diesen wenigen lebensfreundlichen zu Hause sind.

Man nennt diesen Standpunkt etwas hochtrabend das anthropische Prinzip (von griechisch Anthropos, Mensch), das kurz gesagt lautet: Da es uns gibt, *muss* unser Universum lebensfreundlich sein. Denn in einem lebens*feindlichen* Universum gibt es per Definition niemanden, der sich über dessen Lebensfeindlichkeit beschweren könnte. Lebensfeindliche Universen werden überhaupt nicht zur Kenntnis genommen, lebensfreundliche schon.

Aber ist das noch vernünftig? Ist es vernünftig, unendlich viele Universen statt eines einzigen anzunehmen? Vielleicht sollte man sich dazu Folgendes in Erinnerung rufen: Es gibt nicht nur eine (unsere) Sonne, sondern unglaublich viele. Es gibt nicht nur eine (unsere) Erde, sondern, wie wir Astronomen allmählich herausfinden, unglaublich viele. Und es gibt nicht nur einen Menschen (nämlich uns selbst), sondern unglaublich viele. Warum sollte es also nicht auch unglaublich viele Universen geben?

Es ist immer wieder versucht worden, die Existenz Gottes zu beweisen oder zu widerlegen, aber weder das eine noch das andere ist jemals gelungen. Auch die Existenz anderer Universen wird wohl niemals beweisbar sein. Aber ihre Existenz anzunehmen ist nicht unlogisch. Wobei man zugeben muss, dass das anthropische Prinzip, also die Annahme unendlich vieler Universen zur logischen Begründung unseres eigenen, ein wenig so ist wie der Beweis der Existenz des Weihnachtsmannes durch die des Osterhasen.

✡

Und noch eine andere Frage habe ich mir in diesen Weihnachtstagen manchmal gestellt: Sollten wir jemals einer anderen Zivilisation im Weltraum begegnen, was hätten wir ihr eigentlich zu sagen, welche Botschaft zu verkünden? Es sieht zwar nicht danach aus, als würde es in absehbarer Zeit zu einer Begegnung von solcher Art und Tragweite kommen, aber sicher wissen kann man so etwas nicht. Immerhin haben wir als Menschheit schon vor Jahrzehnten sozusagen eine Visitenkarte im Weltraum abgegeben.

1972 wurde die Raumsonde Pioneer 10 gestartet, um den Jupiter erstmals aus nächster Nähe zu erforschen. Im Dezember 1973 flog sie in geringer Entfernung an dem Riesenplaneten vorbei und funkte bei diesem kosmischen Rendezvous faszinierende Bilder und wichtige physikalische Daten zur Erde. Danach flog Pioneer 10 weiter in die Tiefen des interstellaren Weltraums, ganz antriebslos, denn nichts dort draußen hält einen Flugkörper mehr auf, wenn er nur einmal mit genügend großer Geschwindigkeit unterwegs ist.

Natürlich weiß niemand, ob Pioneer 10 jemals von einer außerirdischen Spezies gefunden werden wird. Die Sonde bewegt sich auf den Aldebaran zu, einen knapp 70 Lichtjahre entfernten Stern, den sie in rund 2 Millionen Jahren erreichen wird, wenn nichts Unvorhergesehenes dazwischenkommt. Aber gibt es dort intelligentes Leben? Und wenn ja, wie sollte eine Zivilisation jemals auf den kleinen stummen Flugkörper aufmerksam werden? Pioneer 10 ist eine Flaschenpost in einem Meer von unvorstellbarer Größe.

Und doch haben wir der kleinen Sonde eine Botschaft mitgegeben, eine goldene, an die Bordwand genietete Plakette mit mehreren Symbolen:

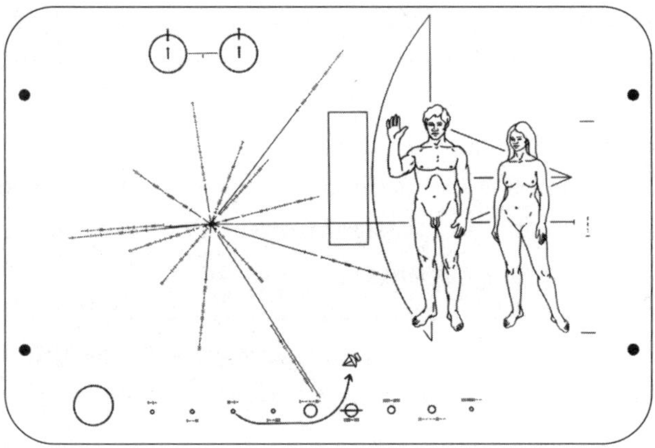

Mann und Frau stehen dabei maßstabgetreu vor einer Abbildung der Sonde, sodass aus der Zeichnung unsere Körpergröße hervorgeht. Darunter findet sich eine schematische Darstellung des Sonnensystems mit der Sonne links und den

Planeten von Merkur bis Pluto rechts davon, die zeigt, von welchem Planeten aus die Sonde gestartet wurde. Das strahlenförmige Diagramm darüber enthält Informationen über den Abstand der Sonne zu einer Reihe von Pulsaren – besonders auffälligen, leuchtturmartigen Objekten im Weltraum –, sodass eine genaue Kenntnis der Galaxie es erlaubt, die Sonne als Stern zu identifizieren. Und darüber findet sich noch die Darstellung einer bestimmten Eigenschaft des Wasserstoffs, aus dem physikkundige Außerirdische eine Längenskala für die Pulsarabstände ableiten können.

Als die NASA die Plakette nach dem Start der Sonde veröffentlichte, brach ein Sturm der Entrüstung los. Je nach Herkunft der Kritik störte man sich entweder an der Tatsache, dass Mann und Frau nackt waren, oder an der deutlich passiven Rolle der Frau oder an der Tatsache, dass es sich bei beiden offensichtlich um Weiße handelte. Doch wie auch immer, die Plakette war dennoch eine Art Visitenkarte: Sie enthält Informationen über uns und darüber, wo im Universum wir wohnen. Sollte sie jemals von Außerirdischen gefunden und verstanden werden, wüssten sie, dass und wo es uns gibt.

Das ist viel und doch auch sehr wenig. Als 1977 die Raumsonde Voyager 1 gestartet wurde, ist man noch einen Schritt weitergegangen. Zusätzlich zu den Informationen über uns und unsere Position im Universum befindet sich an Bord von Voyager 1 eine vergoldete Schallplatte mit einer Lebensdauer von 500 Millionen Jahren (falls die Sonde vorher nicht durch äußere Einflüsse zerstört wird). Auf der Platte sind Bild- und

Audiodateien gespeichert, darunter Grüße in mehreren Sprachen, Wind, Donner und Tiergeräusche und anderthalb Stunden Musik, unter anderem die berühmte Rache-Arie der Königin der Nacht aus Mozarts *Zauberflöte*. Für die Dauer von 500 Millionen Jahren ist Mozarts Musik also aufbewahrt, selbst wenn wir Menschen uns auf unserem Heimatplaneten nicht so lange halten sollten.

Stella hat von ihren Großeltern zu Weihnachten eine Kinderversion der *Zauberflöte* geschenkt bekommen. Seitdem hallt die Arie der Königin der Nacht gelegentlich durch unser Haus. Vielleicht werden eines Tages auch ein paar außerirdische Zivilisationen durch die *Zauberflöte* ihre ersten Erfahrungen mit unserer klassischen Musikkultur machen. Was für ein Gedanke, Mozart könnte nicht nur in unserem Haus erklingen, sondern in den Wohnzimmern einer Lichtjahre entfernten Kultur.

✵

Wie Giotto versieht auch Stella ›ihren‹ Stern seit Weihnachten auf Zeichnungen meistens mit einem langen wehenden Kometenschweif, als galoppiere er wie ein Pferd über den Nachthimmel. Sie möchte, dass er so schön aussieht wie der Stern von Bethlehem. Doch Kometen sind keine Sterne, auch wenn sie gelegentlich als solche, als Schweifsterne, bezeichnet werden. Sie leuchten nicht aus eigener Kraft, sondern bestehen im Wesentlichen aus Eis und Gestein, das miteinander zu Objekten von einigen Kilometern Größe verschmolzen ist. Im kosmischen Maßstab ist das nicht viel, auch wenn es bedeutet, dass es sich bei jedem Kometen um eine Art fliegenden Mount Everest handelt.

Die Flugbahnen von Kometen sind sehr exzentrisch und reichen weit in den Weltraum hinaus. Von dort nähern sie sich für kurze Zeit der Sonne, umfliegen sie in geringem Abstand und entfernen sich dann wieder für Jahrzehnte oder Jahrhunderte von ihr, um weit draußen im All eine nächste einsame Runde zu drehen. Und dort, in den Randzonen des Sonnensystems, ist es sehr kalt und sehr dunkel, sodass Kometen die meiste Zeit über unsichtbar sind.

Nur in der Nähe der Sonne beginnen sie zu leuchten. Ihre Oberfläche wird von der Sonne erhitzt, das Eis verdampft, und im Eis eingeschlossene Staubteilchen werden freigesetzt. Sie geraten in einen von der Sonne ausgehenden Strom winziger Partikel, der Sonnenwind genannt wird. Durch diesen werden die Staubteilchen zugleich fortgeblasen und abgebremst. Ein wenig ist es, als führe ein Jeep durch einen heißen Wüstenwind: Seine Staubfahne krümmt sich in den Wind, der die aufgewirbelten Sandkörner mit sich fortträgt. Und da die Materie des Kometen das Sonnenlicht reflektiert, können wir dessen ›Staubfahne‹, den Hauptschweif (es gibt noch einen zweiten, schwächeren), von der Erde aus sehen, bis der Komet zurück in die Tiefen des Weltraums taucht und wieder zu dem wird, was er war: zu einem dunklen Brocken aus Eis und Gestein.

Ich sollte Stella also davon abraten, sich einen Kometen als Stern auszusuchen. Denn jede Kometenpracht ist nur von kurzer Dauer, und alles, was dann folgt, ist eine lange einsame Reise durch die Nacht.

✲

Nach einem Abend, an dem es für ein kleines Mädchen eigentlich etwas zu spät geworden war, nahm ich Stella jüngst auf den Arm und sagte (wie man so etwas sagt, ohne sich viel dabei zu denken): »Na, Mäuschen, du bist ja ganz schön schwer geworden.«

Sie klammerte sich fest an mich und sagte ernst und schon ein wenig schläfrig: »Wenn man müde ist, ist man schwerer.«

Dieser kurze klare Satz hat mir gefallen. Ich finde, die Vorstellung, dass Müdigkeit eine Masse und also ein Gewicht haben könnte, das uns schwerer macht, hat ihren Reiz. Nach Einsteins berühmter Gleichung $E = mc^2$ hat schließlich alles eine Masse – warum also nicht auch Empfindungen wie Müdigkeit, Freude oder Zuneigung? Was spräche dagegen, dass Liebe eine Masse besäße, denn bekanntlich ziehen sich Massen gegenseitig an? Bei negativen Empfindungen wie Hass könnte es allerdings zu Komplikationen kommen, denn die Schwerkraft ist *immer* anziehend.

Darin liegt übrigens ihre herausragende Bedeutung für unser Universum. Die Gravitation ist sozusagen der Klebstoff, der das Weltall zusammenhält. Es gibt im Universum nichts, was von ihr nicht beeinflusst wird. Sie hält uns auf dem Boden der Erde fest (weswegen sie auch Schwerkraft heißt), zwingt den Mond in eine Bahn um die Erde und verankert die Sonne in der Milchstraße.

Die berühmteste Anekdote zur Gravitation stammt von Isaac Newton. Er habe, so Newton, an einem Herbsttag in seinem Garten in Lincolnshire gesessen und einen Apfel vom Baum fallen sehen. Daraufhin sei er ins Grübeln geraten und habe sich gefragt, mit welcher Berechtigung man eigentlich sagt, der Apfel falle *auf die Erde*. Eine Ameise auf dem Apfel könnte es nämlich ebenso gut umgekehrt sehen: Die Erde fällt *auf den Apfel*. Und in dieser Symmetrie erkannte Newton auf einmal das Wesen der Schwerkraft: Massen ziehen sich *gegenseitig* an und fallen *aufeinander zu*.

Dass wir davon sprechen, dass der Apfel auf die Erde fällt, liegt einzig und allein an den Größenverhältnissen. Wenn der Apfel größer wäre (beispielsweise so groß wie der Mond), würde sich auch die Gravitationswirkung des Apfels auf die Erde bemerkbar machen. Die Anziehungskraft des Mondes beispielsweise ist es, die auf der Erde Ebbe und Flut verursacht. Und so begriff Newton schließlich, dass die Bewegung eines fallenden Apfels und die des Mondes physikalisch den gleichen Ursprung haben.

Wie alle Geschichten von zündenden Ideen ist auch die mit dem newtonschen Apfel mit einer gewissen Vorsicht zu genießen. Newton erwähnt sie erstmals Jahrzehnte nach seiner großen Entdeckung. Vielleicht hat er sie nur erfunden, um seinen Gedankengang anschaulich zu machen. Physiker leiden nämlich immer darunter, dass ihre Ideen von den meisten als zu abstrakt empfunden werden.

Vielleicht hätte ich an jenem Abend ja Stella fragen sollen, warum ihrer Meinung nach Äpfel zu Boden fallen – Kindern gelingen einfache und treffende Sätze mitunter besser als Erwachsenen. Aber dazu kam es nicht, denn sie war längst an meiner Schulter eingeschlafen und kam mir dadurch noch ein wenig schwerer vor. Offenbar hat auch Schlaf eine Masse.

✫

Stella lernt in der Schule gerade, was Jahreszeiten sind. »Januar, Februar, März, April – die Jahresuhr steht niemals still«, heißt es in einem kleinen Lied, das sie gelegentlich vor sich hinträllert. In Wahrheit ist es natürlich die Erde, die niemals stillsteht, aber ich wollte nicht schon wieder zu ›astronomisch‹ sein.

»Schon vor ganz langer Zeit«, sagte ich vielmehr zu ihr, »vor etwa dreitausend Jahren haben die Menschen festgestellt, dass zwischen zwei Sommern etwa zwölf mal Vollmond ist. Deswegen haben sie das Jahr in zwölf Monate eingeteilt. Aber leider stimmt das System nicht ganz genau. Es gibt nämlich auch Jahre, in denen nicht zwölf, sondern dreizehn mal Vollmond ist, und das ist für viele Kulturen ein Problem. Dann ist es ein bisschen wie bei ›Die Reise nach Jerusalem‹: Es gibt nicht genug Monate für alle Vollmonde.«

»Und warum ist das so?«, wollte sie wissen.

»Nun ja«, sagte ich. »Zwölf Vollmonde dauern etwa 355 Tage, aber das Jahr hat 365 Tage. Wenn man sich nach dem Mond richtet, fehlen einem also immer zehn Tage pro Jahr. Im ersten Jahr ist das vielleicht noch nicht so schlimm, aber schon nach drei Jahren ist das ganze System um dreißig Tage, also etwa um einen Monat aus dem Rhythmus geraten. Der Januar läge dann im Dezember und der Dezember im November und so weiter. Und wenn man noch etwas länger wartet, etwa achtzehn Jahre, dann liegt der Dezember mitten im Hochsommer und der Juli im tiefsten Winter. Das ist wirklich sehr unpraktisch. Du hättest dann zum Beispiel immer in einer anderen Jahreszeit Geburtstag. Und in manchen Jahren würden wir in den Sommerferien Weihnachten feiern.«

»Das geht doch gar nicht. Da schneit es doch nicht.«

»Na ja, das geht schon«, sagte ich, »zum Beispiel ist es in Australien oder Südafrika so, aber das hat andere Gründe. Jedenfalls werden in manchen Kulturen Mondkalender für religiöse Feste und Rituale durchaus noch benutzt, zum Beispiel im Islam oder im Judentum. Der islamische Fastenmonat Ramadan zum Beispiel ist so ein Fest. Er beginnt, sobald die Mondsichel zu Beginn eines bestimmten Monats sichtbar wird. Und das kann mal im Frühling sein oder mal im Sommer, Herbst oder Winter. Und wenn in ein paar Wochen Ostern ist, dann hat auch das mit dem Mond zu tun. Wir feiern Ostern immer am ersten Sonntag nach dem ersten Vollmond nach Frühlingsanfang. Das ist eine recht komplizierte Regel, und sie führt dazu, dass sich das Osterfest um mehr als einen Monat verschieben kann. Es fällt frühestens auf den 22. März und spätestens auf den 25. April. Und nach dem Osterdatum richten sich ja auch Karneval und Pfingsten.«

»Und mein Geburtstag würde sich in einem Mondjahr auch immer verschieben?«

»Ja«, nickte ich. »Du könntest mal im Schnee feiern und mal im Schwimmbad.«

»Vielleicht wäre das ja ganz lustig.«

»Wann hättest du denn am liebsten Geburtstag?«

Sie wusste die Antwort sehr schnell: »*Jeden* Monat.«

Frühling

Punkt, Punkt, Komma, Strich
Fertig ist das Mondgesicht

Die Weihnachtszeit ist zu Ende, die Temperaturen werden milder, wir nähern uns Ostern. Auch die Tage werden schon wieder merklich länger – auf die kosmische Uhr ist Verlass. Stella nimmt mit ein bisschen Wehmut Abschied von der Weihnachtszeit. Die frühe Dunkelheit mit den vielen (echten und künstlichen) Sternen hat ihr gefallen, besonders, da sie sich inzwischen ja als Expertin für Himmelskunde betrachtet.

Vor kurzem sagte sie zu mir: »Papi, warum hängt man Ostern eigentlich keine Sterne in die Bäume, sondern Eier?«

»Das ist ein alter Brauch«, sagte ich. »Eier sind ein Zeichen für den Frühling.«

»Und warum?«

»Weil in Eiern etwas Neues entsteht, neues Leben. Und im Frühling erneuert sich die Natur. Nach dem langen Winterschlaf erwacht sie wieder.«

»Und findest du Weihnachten schöner oder Ostern?«

»Beides ist schön«, sagte ich.

»Aber am Himmel leuchten doch Sterne und keine Eier.«

»Ja, schon«, sagte ich, »aber die Sterne sind ja einstmals auch entstanden. Und es entstehen immer noch neue.«

Stella sah mich überrascht an. »Aber die Sterne gab es doch schon immer. Die waren auch schon bei Jesus da.«

»Das stimmt, die Sterne waren schon bei Jesus da, aber *immer* gab es sie nicht. Und auch den Weltraum gab es nicht schon immer. Er ist zwar sehr alt, aber er war auch einmal jung. Sehr jung sogar. Eigentlich kann man sagen, dass er vor sehr langer Zeit aus einem Ei geschlüpft ist. Was vorher war, wissen wir nicht. Vielleicht gab es vorher überhaupt keine Zeit. Wenn wir Astronomen uns fragen, wo der Weltraum herkommt und was einmal aus ihm werden wird, dann nennen wir das Kosmologie. Das kommt von dem griechischen Wort Kosmos, das ursprünglich einmal Schmuck bedeutete. Die Griechen haben das Weltall als einen Schmuck empfunden, der die Erde umgibt. Ich finde, das ist ein schönes Bild. Ein bisschen verstehe ich sogar, dass sie glaubten, etwas derart Prächtiges wie das Weltall müsste ewig sein und unveränderlich. Das kann aber aus verschiedenen Gründen nicht stimmen. Einer davon ist, dass es dann nachts nicht dunkel werden würde. Das werde ich dir einmal erklären, wenn wir etwas mehr Zeit haben. Denn all das, die ganze Kosmologie, ist leider sehr kompliziert. Aber es ist gut, wenn du schon einmal weißt, dass der Weltraum etwas ist, das sich entwickelt hat, das wie eine Pflanze aus einem Keim hervorgegangen ist und das schließlich sogar Leben hervorgebracht hat. Wir leben in einem fruchtbaren Universum, und weil Eier Fruchtbarkeit symbolisieren sollen, gefällt mir Ostern genauso wie Weihnachten.«

Abends kam Stella zu mir und hielt etwas in der Hand. Es war eins der ausgeblasenen Eier, die sie zurzeit für Ostern bemalt. Es war ganz dunkelblau mit kleinen silbernen Punkten, und sie sagte: »Das schenke ich dir.«

✫

Im Gegensatz zu mir betrachtet Stella die Navigationsanlage in meinem Auto keineswegs als Wunder. Sie wächst mit Computern, Handys und sprechenden Kuscheltieren auf – da kann ein kleines sprechendes Display, das mir sagt, wo ich langfahren soll, sie nicht verblüffen.

Um ihr dennoch ein wenig Ehrfurcht für diese technische Errungenschaft einzuflößen, sagte ich neulich zu ihr: »Dieses Navigationssystem funktioniert nur, weil es ständig Signale von ein paar Satelliten auffängt und verarbeitet, die um die Erde sausen. Sie fliegen mit mehr als zwanzigtausend Kilometern pro Stunde durchs Weltall und senden dabei ihr Piepen aus. Das ist ein bisschen so wie mit Schiffen und Leuchttürmen, aber viel komplizierter, denn Leuchttürme sausen ja nicht übers Meer.«

»Hmm«, machte sie.

»Man braucht eine unglaublich faszinierende Theorie, um diese kleinen Kästen zum Laufen zu bringen. Diese Theorie heißt Relativitätstheorie. Sie besagt, dass unsere Uhren, wenn wir uns bewegen, langsamer gehen als beim Stillsitzen. Ist das nicht verrückt? Aber es ist wirklich so: Die Uhren auf den Satelliten im Weltall gehen langsamer als die Uhren auf der Erde. Und jetzt stell dir mal vor, du willst dich mit jemandem verabreden, dessen Uhr anders geht als deine. Das kann nur schiefgehen. Ihr würdet euch hundertprozentig verfehlen.«

»Hmm«, machte Stella.

»Aber weißt du, die Techniker, die dieses Navigationssystem konstruiert haben, wollten auch nicht so recht an die Relativitätstheorie glauben. Sie dachten, dass es doch nicht sein kann, dass eine Uhr, nur weil sie in einem Satelliten mitfliegt, langsamer geht als eine Uhr auf der Erde. Und deswegen haben sie das beim Bau des ganzen Systems nicht berücksichtigt. Sie dachten, das wäre Unsinn. So eine Spinnerei von Albert Einstein. Und was ist passiert? Sie haben ihre Satelliten in den Weltraum geschossen und versucht, aus den Funksignalen ihre Position auf der Erde zu berechnen. Am Anfang funktionierte das auch ganz gut, weil die Uhren auf der Erde und die in den Satelliten beim Abflug ja auf die gleiche Zeit eingestellt worden sind. Aber je länger die Satelliten im Weltall herumgeflogen sind, umso fehlerhafter wurde das ganze System. Schon nach einem Tag waren die Berechnungen um mehr als hundert Meter falsch! Stell dir das mal vor!«

»Hmm«, machte Stella.

»Mehr als hundert Meter! Das ist verflucht viel. Wenn wir auf dem Heimweg hundert Meter danebenlanden würden, kämen wir ungefähr bei Berit raus. Und das schon nach einem Tag! Nach einer Woche würden wir bei dir in der Schule landen und irgendwann am Alexanderplatz. Das würde ein ziemliches Durcheinander in der Stadt geben. Das haben auch die Techniker, die das Navigationssystem konstruiert haben, schließlich einsehen müssen. Und deswegen haben sie die Relativitätstheorie akzeptiert, auch wenn es ihnen wirklich sonderbar vorgekommen ist, dass bewegte Uhren langsamer gehen als unbewegte. Stell dir vor, dieses kleine Gerätchen hier im Armaturenbrett beweist, dass Albert Einstein recht hat. Verrückt, oder?«

»Hmm«, machte Stella.

Inzwischen war mir klar, dass mein kleiner Vortrag sie – höflich ausgedrückt – nur am Rande interessierte, aber ich war in Fahrt gekommen und redete noch ein wenig weiter. »Wie können wir uns *überhaupt* auf der Erde orientieren? Das ist nämlich gar nicht so einfach. Stell dir vor, wir wären Ameisen, krabbelten auf einem weißen Blatt Papier herum und unser Navigationsgerät wäre kaputt! Wenn wir uns nun mit einer befreundeten Ameise verabreden wollten, so wäre das durchaus möglich. Wir könnten nämlich per Handy – als Ameisen haben wir winzige Handys mit vielen wackelnden Antennen – als Treffpunkt zum Beispiel die rechte untere Ecke des Blattes vereinbaren. Oder wenn das Papier kreisförmig wäre, könnten wir uns in seinem Mittelpunkt verabreden. Was aber würden wir tun, wenn wir auf einer weißen glatten makellosen Kugel herumkrabbeln würden, beispielsweise auf einem sehr großen perfekten Tischtennisball? Dann sieht es schlecht aus. Wir werden keinen Punkt auf der Kugeloberfläche finden, der sich als Treffpunkt anbieten würde. Alle Punkte sehen gleich aus, und jeder Punkt hat exakt die gleiche Umgebung wie alle anderen. Alles, was wir tun könnten, wäre, unermüdlich auf der Kugel herumzukrabbeln und zu hoffen, dass wir unserem Ameisenfreund irgendwann durch Zufall über den Weg laufen.«

»Hmm«, machte Stella.

»Alles in allem sind wir also in einer misslichen Lage. Doch das ändert sich schlagartig, wenn die Kugel anfängt, sich zu drehen. Jeder Gegenstand, der sich dreht, hat eine Drehachse. Wenn wir einen Spieß durch eine Melone stechen, haben wir ein gutes Bild dafür. Die beiden Punkte, an denen der Spieß durch die Melonenoberfläche stößt, heißen Pole. Wenn die Kugel, auf der wir herumkrabbeln, sich dreht, können wir als Treffpunkt also einen der beiden Pole vereinbaren. Wir müssen uns mit unserem Ameisenfreund nur darauf einigen, welchen. Dazu strecken wir unsere rechte Hand aus, spreizen den Daumen ab und krümmen die Finger leicht. Wenn unsere Finger in Richtung der Kugeldrehung weisen, dann zeigt unser Daumen nach Norden, wenn nicht, dann zeigt er nach Süden. Und damit haben wir es geschafft. Sobald wir festgestellt haben, in welche Richtung sich unser Tischtennisballplanet gegenüber einem festen Punkt am Himmel dreht – als Menschen auf der Erdkugel beziehen wir uns dabei üblicherweise auf die Sonne als Fixpunkt –, können wir uns am Nordpol oder am Südpol verabreden. Das ist doch toll, oder!? Wenn man weiß, dass die Erde eine Kugel ist, die sich dreht, dann braucht man diese ganzen Navigationsgeräte eigentlich gar nicht. Wir müssen nur ein bisschen über die Dinge nachdenken, und schon finden wir uns bestens zurecht!«

»Hmm«, machte Stella. »Du bist gerade nicht abgebogen.«

»Wie bitte?«

»Die Stimme hat gesagt, dass du rechts abbiegen sollst.«

»Ach so? Habe ich gar nicht gehört.«

»Macht nichts, Papi«, tröstete sie mich. »Das Navigationsgerät stellt sich darauf ein. Es weiß immer, wo es langgeht. Es ist ein bisschen schlauer als du.«

Leise seufzend nickte ich und wartete auf die nächste Anweisung der freundlichen Computerstimme.

✫

Stellas Zimmer ist auf der Nordseite unseres Hauses, und wenn sie abends aus dem Fenster schaut, hat sie immer die gleichen Sternbilder vor Augen: Kepheus, Cassiopeia, den Kleinen Bär und den Drachen, vor allem aber den Großen Bär. An dem wiederum sind die sieben Sterne, die Bauch und Schwanz bilden, besonders auffällig. Sie werden für sich genommen auch als Großer Wagen bezeichnet, weil sie so aussehen wie ein alter Karren mit einer Deichsel zum Anspannen der Tiere.

Auf der Suche nach ihrem Stern hat Stella mehrere Abende damit zugebracht, sich unter den sieben Wagensternen den goldensten auszusuchen. Sie konnte sich aber nicht zwischen Dubhe und Mizar entscheiden. Dubhe ist der hintere obere Kastenstern des Wagens und Mizar der mittlere Deichselstern.

»Ich glaube, der ist goldener«, sagte sie schließlich und wies auf Dubhe. Mit bloßem Auge war das allerdings kaum zu entscheiden, und so schlug ich in einem Sternenatlas nach. Die Farben der Sterne sind in verschiedene Werte unterteilt, die man Spektralklasse nennt. Ich fand heraus, dass Dubhe kühler und also etwas rötlicher im Farbton war als Mizar. Stella hatte also recht.

»Und weißt du was?«, sagte ich anschließend zu ihr, »Dubhe ist sogar nicht nur *ein* Stern, sondern ein System aus vier Sternen! Das ist nicht so häufig und wirklich etwas Besonderes! Unsere Sonne ist ein Einzelstern, aber viele andere Sterne sind in Wirklichkeit Paare oder Dreiersysteme, die umeinander wirbeln wie Tänzer. Nur weil sie so weit weg sind, verschmelzen sie für uns zu einem einzigen Punkt. Aber mit sehr großen Teleskopen und ein paar raffinierten Astronomentricks kann man zeigen, dass es sich in Wahrheit um zwei oder mehrere Sterne handelt. Der Hauptstern von Dubhe ist ein orange leuchtender Riesenstern, der *dreißig* Mal so groß ist wie die Sonne! Stell dir das einmal vor. Wenn die Sonne dreißig Mal größer am Himmel stünde, dann wäre sie so groß wie dein Fenster hier oder der Baum davor oder ...«

Stella unterbrach mich. »Ich weiß nicht, Papi. Ich glaube, ich will lieber einen kleinen Stern und keinen, der dreißig Mal so groß ist wie die Sonne. Und ich will auch keinen, der in Wirklichkeit vier Sterne ist. Ich bin ja auch nicht vier Menschen.«

Damit war Dubhe für sie gestorben, und ich kam nicht dazu, ihr zu erklären, wie nützlich er im Sternbild des Großen

Wagens ist. Verlängert man nämlich die Linie zwischen den hinteren Kastensternen fünffach über Dubhe hinaus, kommt man zum Polarstern, der den Menschen schon seit Jahrtausenden die Nordrichtung anzeigt. Doch andererseits: Wozu musste Stella das jetzt schon wissen? Die Wahrscheinlichkeit, dass sie sich in allernächster Zeit unter freiem Himmel würde orientieren müssen, war ziemlich gering. Und sollte es irgendwann einmal dazu kommen, würde sie sich vorher gewiss ein Navigationsgerät kaufen.

✵

Es gibt Kinderreime, die man nicht vergisst. Einer davon ist: »Punkt, Punkt, Komma, Strich, fertig ist das Mondgesicht.« Natürlich kennt auch Stella diesen Reim, und als der Vollmond vor kurzem wunderbar hell über dem Horizont stand, sagte sie: »Papi, gibt es den Mann im Mond wirklich?«

»Nein, den gibt es nicht. Es sieht nur zufällig manchmal so aus, als hätte der Mond ein Gesicht. Seine Oberfläche besteht aus unterschiedlichem Gestein, deswegen ist sie an manchen Stellen hell und an anderen dunkel. Und es gibt Gebirge, die scharfe Schatten werfen, und riesige Krater, die bei Zusammenstößen mit anderen Himmelskörpern entstanden sind. Und da wir Menschen so gerne Gesichter sehen, zaubert unsere Fantasie in die hellen und dunklen Stellen auf dem Mond die Konturen eines Gesichts hinein. Das ist ganz lustig, verrät uns aber mehr über unsere Fantasie als über den Mond.«

»Hm«, machte sie nachdenklich. »Und als die Menschen zum Mond geflogen sind, war dort keiner?«

»Nein«, sagte ich, »und damit hatte auch niemand gerechnet. Auf dem Mond gibt es nämlich keine Luft zum Atmen. Deswegen hatten die Astronauten riesige Anzüge mit Luftbehältern an. Ich fand das unglaublich spannend. Die ganze Reise zum Mond wurde im Fernsehen gezeigt. Die Astronauten sind wie Känguruhs über die Mondoberfläche gehopst.«

»Also ich verstehe das nicht, Papi. Wieso fallen die Astronauten vom Mond nicht herunter? Wenn sie aus ihrer Rakete steigen, müssten sie doch wieder zurück auf die Erde plumpsen. Man kann doch auch nicht aus einem Flugzeug steigen.«

»Nun ja, weißt du, der Mond ist ja eine riesige Kugel, so wie die Erde. Und er ist so etwas wie ein Magnet. Du weißt doch, was ein Magnet ist. Die kleinen Zettelchen an unserer Kühlschranktür werden von kleinen magnetischen Knöpfen festgehalten. Diese Knöpfe fallen ja auch nicht von der Kühlschranktür herunter, obwohl sie das eigentlich müssten. Aber die Magnetkraft hält sie fest. Und auf der Erde und auf dem Mond ist es genauso. Bei Himmelskörpern heißt die Magnetkraft Schwerkraft. Sie macht, dass wir uns schwer fühlen und ein Gewicht haben. Sie hält uns an den Himmelskörpern fest, auf denen wir stehen. Und deswegen können die Astronauten nicht vom Mond herunterfallen. Der Mond hält sie fest.«

»Aber wenn sie auf der Unterseite des Mondes gelandet sind, dann müssen sie immer auf dem Kopf gehen. Das ist doch bestimmt ganz unbequem. Auch wenn der Mond sie festhält.«

»Nein, nein«, sagte ich. »Es sieht von uns aus betrachtet nur so aus, als würden sie auf dem Kopf gehen. Die Astronauten haben aber das Gefühl, dass dort, wo ihre Füße sind, unten ist. Wenn sie auf dem Mond spazieren gehen, können sie die Erde über sich sehen, so wie wir hier den Mond über uns sehen. Die Erde schwebt über den Köpfen der Astronauten am Mondhimmel. Sie könnten genau dasselbe denken wie du jetzt. Sie könnten denken, alle Menschen müssten von der Erde herunterfallen. Oder auf der Unterseite der Erde das Gefühl haben, auf dem Kopf zu gehen. Aber die Schwerkraft der Erde macht, dass für uns der Boden immer unten ist, genauso wie für die Astronauten der Mondboden unten ist.«

Es entstand eine Pause, in der sie über alles nachdachte. Und dann sagte sie: »Papi ... als Mami einmal versehentlich die Kühlschranktür zu fest zugeschlagen hat, sind alle Knöpfe und Zettelchen heruntergefallen, weißt du noch? Sie sind auf den Boden gekullert und hinter die Spülmaschine, weil der Kühlschrank gewackelt hat. Und weißt du, Papi, die Erde kann doch auch wackeln wie so ein Kühlschrank. Das weiß ich, das hat Sven gesagt. Die Erde kann sogar so stark wackeln, dass Häuser kaputtgehen, hat er gesagt. Und wohin fallen wir dann von der Erde hinunter?«

Wie groß ist doch die Macht des Augenscheins! Ich betrachtete den Mond, der inzwischen hoch über die Sträucher in unserem Garten gestiegen war. Gestiegen? Nein, natürlich nicht, aber so sieht es nun einmal aus. Es sieht so aus, als würde er aufsteigen und wieder herabsinken wie ein Drachen in einem fernen lautlosen Wind. Und auf einmal hatte ich das Gefühl, als würde sich der Gesichtsausdruck des Mondes verändern. Vor fünf Minuten noch hatte ich den Mann im Mond als Fantasieprodukt bezeichnet. Jetzt rächte er sich dafür. Jetzt schien er über meinen gescheiterten Versuch, Stella die Wirkungsweise der Schwerkraft zu erklären, hämisch zu grinsen.

Ein paar Tage danach kam sie zu mir und sagte: »Jetzt weiß ich, warum alles auf die Erde fällt: Weil das Weltall eine große Kugel ist und wir in der Mitte sind.«

Immerhin war sie damit auf dem Stand von Ptolemäus, an dessen astronomischen Lehren aus dem 2. Jahrhundert über tausend Jahre lang schließlich niemand gezweifelt hatte. Weder im Altertum noch im Mittelalter konnte man sich vorstellen, dass die Erde sich bewegte – man dachte wohl, dass man so eine Bewegung spüren müsste. Und außerdem kamen die Sterne nicht näher, was ebenfalls dafür zu sprechen schien, dass die Erde sich *nicht* bewegte, sondern im Mittelpunkt des Universums ruhte. Ptolemäus fasste diese Sichtweise der Dinge in einem berühmten Buch mit dem Titel ›Almagest‹ zusammen, das bis ins 16. Jahrhundert hinein zur Grundlage aller Astronomie werden sollte. Und trotzdem war das meiste darin falsch.

»Es sieht nur so aus, als würden wir uns im Mittelpunkt des Weltalls befinden«, sagte ich. »Aber in Wirklichkeit hat das Universum überhaupt keinen Mittelpunkt.«

Das verstand sie nicht. Ihrer Erfahrung nach hatte *alles* einen Mittelpunkt: eine Kugel, ihr Zimmer, der Schulhof. Also musste auch das Weltall einen Mittelpunkt haben. Und es ist gar nicht so leicht, dagegen etwas einzuwenden.

Ich sagte: »Ich habe dir doch einmal etwas von einer Ameise erzählt, die auf einem großen Tischtennisball herumkrabbelt und versucht, sich mit einem Freund zu verabreden. Und das war sehr schwer, weil die beiden nicht wussten, wie sie auf dem Tischtennisball einen Treffpunkt vereinbaren sollten. Er sah ja überall gleich aus. Jeder Punkt auf dem Tischtennisball war genau wie jeder andere, und zu sagen: ›Ich bin hier‹, hätte nicht viel genutzt, weil dieses Hier ja wie alle anderen Hiers auf dem Tischtennisball war. Das war wirklich eine schwierige Situation. Und jetzt stell dir einmal vor, der Tischtennisball wäre noch viel, viel größer als beim ersten Mal, und er wäre auch nicht weiß, sondern schwarz wie der Nachthimmel und gesprenkelt mit unvorstellbar vielen leuchtenden Sternpünktchen. Und jetzt versuche dir einmal vorzustellen, was unsere Ameise sieht, wenn sie sich umschaut. Als Ameise kann sie nicht nach oben sehen, sondern nur nach vorne oder zur Seite oder nach hinten, und überall stehen ungefähr gleich viele Sterne. Deswegen wird sie wahrscheinlich denken, dass sie sich im Mittelpunkt des Weltraums befindet. Doch gerade, als sie sich das überlegt hat, klingelt ihr Ameisenhandy mit den vielen wackelnden Antennen. ›Hallo?‹, sagt sie und freut sich, denn es ist ihr Ameisenfreund, den sie ja immer noch sucht. ›Wo bist du?‹ ›Stell dir vor‹, sagt ihr Ameisenfreund daraufhin, ›ich bin im Mittelpunkt des Universums. Komm schnell her!‹ – ›Aber das kann nicht sein‹, sagt unsere Ameise da ganz überrascht, ›denn ich bin doch im Mittelpunkt des Weltraums. Und da du nicht neben mir stehst, kannst du also nicht dort sein.‹ – ›Aber doch!‹, widerspricht er ihr, ›ich brauche mich nur umzusehen! Überall sind Sterne, in allen Richtungen gleich viele. Und das heißt, dass ich in ihrem Mittelpunkt schwebe.‹ – ›Aber bei mir ist es doch genauso!‹, sagt die Ameise da verwirrt. ›Wie ist denn das möglich?‹ – Und wie du siehst«, sagte ich zu Stella, »ist die Erklärung dafür gar nicht so schwer, wenn man sich klarmacht, dass beide sich irgendwo auf einer riesigen, gleichmäßig mit Sternen gesprenkelten Kugel befinden. Dann ist das eigentlich ganz logisch. Die Sternenkugel, auf der sie leben, sieht wirklich von jedem Punkt aus gleich aus. Jeder Punkt sieht aus wie der Mittelpunkt des Weltraums. Aber in Wahrheit hat der Weltraum der beiden Ameisen gar keinen Mittelpunkt. Es scheint nur so, aber das ist eine Täuschung.«

»Und wie können die beiden sich dann finden?«

»Auf der weißen Kugel war das ganz unmöglich, aber jetzt haben sie ja die Sterne zur Orientierung. Vielleicht gibt es auf der Kugel einen besonders hellen Stern, den beide schon entdeckt haben. Es gibt auch sehr auffällige Sterne, sie werden heller und dunkler wie Leuchttürme. So einen Stern können sie als Treffpunkt vereinbaren. Oder du vereinbarst mit E.T. *deinen* Stern als Treffpunkt, sobald du ihn gefunden hast. E.T. kennt deinen Stern bestimmt.«

»Aber Papi, *ich* kenne meinen Stern ja noch nicht einmal.«

»Irgendwann findest du ihn«, sagte ich.

»Aber wann denn endlich, Papi?«

Ich strich ihr über den Kopf. Zum Astronomendasein gehört eine Tugend, über die Kinder ganz einfach noch nicht verfügen: Geduld.

✲

Vor ein paar Tagen ist es zu einem Streit zwischen Stella und ihrer Freundin Berit gekommen. Durch die astronomischen Wissenshäppchen, die ich Stella gelegentlich verabreiche, fühlt sie sich inzwischen als Expertin für alle Fragen, die im weitesten Sinne den Himmel betreffen. Und wenn sie einmal nicht weiterweiß, dann improvisiert sie eben.

Konkret ging es darum, welcher Himmelskörper der Erde näher ist: der Mond oder die Sonne. Berit berief sich auf ihren Bruder Sven, der behauptet hatte, der Mond sei der Erde viel näher als die Sonne. Dem widersprach Stella: »Das stimmt nicht! Die Sonne ist näher. Sonst wäre sie ja nicht viel heller und wärmer als der Mond! Und die Sterne sind noch viel, viel weiter weg. Deswegen sind sie so klein, hat mein Papi gesagt!«

Es überraschte mich, dass man die Dinge so sehen konnte. Ihr Argument war immerhin ein Beispiel dafür, dass eine richtige Überlegung zu einem falschen Ergebnis führen kann. Ich nahm ein Blatt Papier, malte einen Punkt darauf, und sagte: »Also das ist die Sonne. Sie steht im Mittelpunkt des Planetensystems. Und die Erde bewegt sich auf einem großen Kreis um die Sonne, siehst du, so!« Ich zeichnete einen Kreis um die Sonne und machte einen Punkt für die Erde darauf. Um diesen Punkt wiederum zeichnete ich einen kleinen Kreis und sagte: »Und das ist die Bahn, auf der sich der Mond um die Erde bewegt. Das Ganze ist ein bisschen so wie bei einem Karussell, auf dem eine kleine drehbare Gondel steht. Der Mond kreist mit der Erde um die Sonne und gleichzeitig auf seiner eigenen kleinen Bahn um die Erde. Und deswegen ist er uns viel näher als die Sonne. Die Sonne ist etwa dreihundertneunzig Mal so weit von uns entfernt wie der Mond. Aber sie ist viel größer und heller, sodass sie ihn trotz der größeren Entfernung spielend überstrahlt.«

Danach zeichnete ich innerhalb der Erdbahn zwei Kreise für Merkur und Venus und drei äußere für Mars, Jupiter und Saturn. Ich sagte: »Das sind die Bahnen der anderen fünf Planeten, die man mit bloßem Auge sehen kann. Sie heißen Merkur, Venus, Mars, Jupiter und Saturn. Die Venus hast du ja schon entdeckt. Du wolltest, dass sie dein Stern ist, aber sie ist ein Planet. Das Wort Planet ist schon sehr alt und kommt aus der griechischen Sprache. ›Planetai‹ heißt ›die Umherschweifenden‹, weil sich die Planeten am Nachthimmel gegenüber den Sternen verschieben. Und das ist schon den Griechen aufgefallen, aber sie konnten sich die Bewegung nicht erklären, weil sie glaubten, die Planeten würden sich irgendwie um die Erde drehen. Aber so ist es nicht.« Ich deutete noch einmal auf meine Zeichnung mit der Sonne und den sechs Kreisen: »Von oben sieht das Planetensystem so aus wie eine Schallplatte: Die Sonne ist das Loch in der Mitte, und die Rillen zwischen den Songs sind die Planetenbahnen. Das System ist sehr einfach, aber man kann es nicht verstehen, wenn man annimmt, dass die Erde der Mittelpunkt ist. Das ist so, als würde man ein Loch in den drittletzten Song bohren, um die Platte abzuspielen. Das würde sehr merkwürdig klingen. Und so kam Nikolaus Kopernikus vor 450 Jahren schließlich auf die Idee, dass es anders sein musste. Er war der Erste, der die Schallplatte des Planetensystems sozusagen mit der Sonne im Zentrum aufgelegt hat. Er erkannte, dass die Erde ein Planet war und zusammen mit allen anderen Planeten um die Sonne kreiste. Deswegen nannte er sein System heliozentrisch – von dem griechischen Wort Helios für Sonne. Und Johannes Kepler, ein anderer Astronom, der die Gedanken von Kopernikus weiterentwickelte, verglich die Symmetrie und den organischen Aufbau des Sonnensystems mit der Schönheit von Musik. Er schrieb ein Buch, in dem er drei sehr berühmte Naturgesetze veröffentlichte, und nannte es ›Weltharmonie‹. Für uns Wissenschaftler ist es immer sehr wichtig, dass die Ideen, die wir haben, einfach und prägnant sind. Ja, wir empfinden sie sogar als schön!«

Wenn ich Stella solche kleinen Vorträge halte, bilde ich mir nicht ein, dass sie jedes Wort versteht. Ich freue mich ganz einfach, dass sie mir zuhört, und hoffe, dass etwas von dem, was ich sage, bei ihr hängen bleibt. Jedenfalls bemühe ich mich sehr um Anschaulichkeit, und so überrascht es mich manchmal, wie unerwartet schwierig es ist, meinen Gedanken Ausdruck zu verleihen. Der Vergleich des Sonnensystems mit einer Schallplatte zum Beispiel, den ich sehr plastisch fand, stieß bei ihr auf Unverständnis. Sie hat noch nie eine Schallplatte in Händen gehalten, geschweige denn abgespielt.

✫

Vor ein paar Tagen glaubte Stella, endlich ihren Stern gefunden zu haben, aber es war wieder nur ein Planet. Diesmal der Jupiter. »Wieso sind ausgerechnet diese Planeten immer so hell«, beschwerte sie sich.

Ich verstand, dass sie enttäuscht war, aber es ist einfach so: Immer wenn man glaubt, einen besonders hellen Stern entdeckt zu haben, ist es in aller Regel ein Planet. Nach Sonne, Mond und Venus ist der Jupiter das vierthellste Objekt am Himmel. Mit einem guten Feldstecher kann man erkennen, dass er kein Punkt ist, sondern eine gestreifte Kugel.

Jupiter – der fünfte Planet unseres Sonnensystems – ist ein wahrer Planetengigant. Sein Durchmesser übertrifft den der Erde um das Zwölffache, und er besitzt fast zweieinhalb Mal so viel Masse wie alle anderen Planeten zusammen. Allerdings hat er im Gegensatz zu den inneren Planeten Merkur, Venus, Erde und Mars keine feste Oberfläche. Er ist ein weicher Gasball wie die Sonne und besteht zum größten Teil aus Wasserstoff.

Statt eines einzigen Mondes besitzt er gleich 63 – und vielleicht sogar mehr, denn immer noch werden neue entdeckt.

Sein größter Mond, Ganymed, ist zugleich der größte Mond im Planetensystem und mit über 5000 Kilometern Durchmesser größer als der Planet Merkur. Die drei anderen großen Monde, Io, Europa und Kallisto, wurden zusammen mit Ganymed erstmals von Galileo Galilei gesehen. Er hielt Jupiter für eine eigene Sonne mit Planeten, was so nicht stimmte, aber man kann sagen, dass das Jupiter-System ein verkleinertes Abbild des Sonnensystems ist, eine Art Puppe in der Puppe, denn es funktioniert nach dem gleichen Prinzip: Um einen großen Himmelskörper kreisen viele kleinere.

Das Wetter auf dem Jupiter ist ziemlich ungemütlich. In seiner Gashülle toben jede Menge Zyklone, die äußerst langlebig sind. Der bekannteste von ihnen, der ›Große Rote Fleck‹, wurde schon vor mehr als dreihundert Jahren entdeckt und auf astronomischen Zeichnungen festgehalten. Bei diesem Fleck, der mit einem kleinen Teleskop auf der Jupiteroberfläche bereits gut zu erkennen ist, handelt es sich um den größten und ältesten Wirbelsturm im Sonnensystem. Die Erde würde zweimal in ihn hineinpassen, und mit Windgeschwindigkeiten von bis zu 700 Stundenkilometern degradiert er jeden irdischen Hurrikan zum lauen Lüftchen.

Aber trotz seiner enormen Größe, seiner zahlreichen Superlative und seiner vielen Trabanten: Jupiter ist *kein* Stern. Er leuchtet nicht aus sich selbst heraus, sondern nur, weil er von der Sonne angestrahlt wird. Er leuchtet wie ein Fußball im Flutlicht eines Stadions und würde bei Stromausfall mit all seinen 63 Monden sofort unsichtbar werden.

»Hm«, machte Stella. »Nein, dann will ich ihn doch nicht. Mein Stern soll immer leuchten. Auch wenn's dunkel ist.«

Sie ging in ihr Schlafzimmer, doch ich blieb noch ein wenig im Garten stehen und dachte darüber nach, wie schwer es für uns Astronomen wäre, ohne das Leuchten der Sterne etwas über das Universum in Erfahrung zu bringen. Einen Riesenplaneten wie den Jupiter zu entdecken wäre nahezu unmöglich. Seit ein paar Jahrzehnten können wir außer dem Licht zwar auch andere Energieformen zur Erkundung des Weltalls nutzen, doch ist der technische Aufwand dafür sehr groß. Wir betreiben Radio- und Röntgen- und Gammastrahlenastronomie, und sehr spezielle Messinstrumente werden es uns in den nächsten Jahren ermöglichen, Neutrinoströme und Gravitationswellen zu beobachten.

Doch nichts eignet sich so gut wie Licht, um sich ein Bild von der Welt zu machen. Um Lichtastronomie zu betreiben, brauchen wir zunächst einmal nichts außer unseren Augen. Licht lässt sich mit einfachsten Mitteln ablenken und zur fotografischen Abbildung nutzen. Es schädigt biologisches Gewebe im Allgemeinen nicht – lediglich vor energiereichem UV-Licht müssen wir uns in den Bergen oder beim Sonnenbaden am Strand schützen.

Und nicht zuletzt lässt sich Licht sehr leicht herstellen. Vor rund 500 000 Jahren lernten unsere Vorfahren den Umgang mit Feuer. Vermutlich zogen sie Äste aus natürlich entstandenen Bränden und legten Brennmaterial nach. Das verschaffte ihnen einen enormen Vorteil im Überlebenskampf der Arten.

Erstmals in seiner Geschichte war der Mensch unabhängig von den natürlichen Lichtverhältnissen. Er konnte schützende Höhlen besiedeln und war in der Lage zu sehen, wann immer er sehen wollte.

Vielleicht spielt auch deswegen in allen Mythen und Religionen Licht eine so herausragende Rolle. Das Wort Ostern kommt von Osten, denn im Osten geht die Sonne auf. Je weiter man nach Norden kommt, umso wichtiger werden Lichtfeste oder Sonnenwendfeiern. Für einen Menschen am Nordpol steigt die Sonne am 21. März nach einem halben Jahr erstmals wieder über den Horizont. Und im biblischen Schöpfungsbericht steht die Erschaffung des Lichts an erster Stelle. Es ist ein Moment, den wir Jahr für Jahr wiederholen, ganz gleich, ob wir Osterfeuer entzünden oder im Frühjahr die Fenster putzen. Offenbar steckt dahinter der Wunsch, etwas über unsere Welt in Erfahrung zu bringen. Der Wunsch, dass uns ein Licht aufgeht.

✫

Berits Eltern haben Verwandte in Südafrika und besuchen sie über Ostern. Zwei Tage nach ihrer Abreise bekam ich von Berits Vater folgende Mail: »Hallo, wir sind gut angekommen, und es ist großartig hier. Das Wetter ist wunderbar mild und spätsommerlich. Berit hat ihr Fernglas mitgenommen und sucht den Himmel nach Sternen ab. Sie darf abends etwas länger aufbleiben als zu Hause. Es ist hier nachts nicht so eisig wie bei uns. Gestern kam sie zu mir und meinte, sie habe jetzt ›ihren Stern‹ gefunden. Weißt du, was das zu bedeuten hat? Ich weiß ja, dass du Stella und Berit ein bisschen Astronomieunterricht gibst, aber dass du behauptet hast, jeder Mensch habe seinen eigenen Stern, wundert mich doch. Das kann doch unmöglich von dir stammen, oder? Ihr Stern – also der, den sie sich ausgesucht hat – liegt übrigens in einem Sternbild, das ›Kreuz des Südens‹ heißt, wie man uns hier gesagt hat. Er ist sehr hell, und ich verstehe schon, dass er Berit gefällt. Sie behauptet, so einen wunderschönen Stern würde Stella niemals finden. Ich will aber nicht, dass es zwischen den beiden Streit wegen dieser Geschichte gibt. Hast du eine Idee, was ich ihr sagen soll?«

Nun gut, dachte ich, da musste ich mir etwas einfallen lassen. Aber es würde nicht so schwer werden, die Sache wieder einzurenken, und ich antwortete: »Hallo ihr Lieben, dass jeder Mensch einen eigenen Stern hat, habe ich den Kindern tatsächlich erzählt. Das war ein Trick – zugegeben ein etwas fragwürdiger –, mit dem ich ihr Interesse an der Astronomie wecken wollte. Ich dachte, der Zweck heiligt in diesem Fall die Mittel. Und wie du siehst, hat es ja auch funktioniert. Jedenfalls liefern sich Berit und Stella seitdem offenbar ein kleines Rennen, wer zuerst *seinen* Stern findet. So sind Kinder nun mal, ein Wettstreit weckt ihren Ehrgeiz. Aber ich stimme dir zu, dass es sicher besser wäre, Berit ihren Stern wieder auszureden. So wie du ihn beschreibst, handelt es sich übrigens um Acrux – kein sehr schöner Name, wie ich finde. Acrux steht für Alpha Crucis, was zu Deutsch so viel heißt wie: der hellste Stern im ›Kreuz des Südens‹. Das ist ein Sternbild, das die europäischen Seefahrer und Weltentdecker im 16. Jahrhundert benutzt haben, um sich bei ihren Reisen auf der Südhalbkugel der Erde zu orientieren. Weil die Babylonier und Griechen nicht alle Sterne des Südhimmels sehen konnten, sind viele Sternbilder dort erst in der Neuzeit benannt worden, und ihre Namen sind ziemlich sonderbar. Sie heißen chemischer Ofen, Pendeluhr oder Oktant. Von Mitteleuropa aus sind sie, wie gesagt, niemals zu sehen. Du musst bedenken, dass wir ja auf einer Kugel leben. Und das heißt, dass wir immer nur eine Hälfte des Himmelsgewölbes zu Gesicht bekommen, nämlich die *über* uns, in unserem Fall die nördliche. Um auch die andere Hälfte – die untere und südliche – von hier aus sehen zu können, müsste die Erde aus Glas sein, damit wir durch sie hindurchgucken könnten. Aber da sie nun mal nicht durchsichtig ist, müssen wir um sie herumreisen, so wie Magellan oder Amerigo Vespucci oder ihr, um den Südhimmel zu sehen. Berit sollte sich also sehr genau überlegen, ob sie wirklich einen Stern als *ihren* Stern haben will, den sie bei uns niemals zu Gesicht bekommen wird. Bei Stella kann sie mit diesem Stern jedenfalls nicht angeben. Acrux ist übrigens der untere Kreuzstern im ›Kreuz des Südens‹. Er ist sozusagen der Nagel, den man Jesus in die Füße geschlagen hat. Nicht sehr erfreulich. Vielleicht kannst du Berit damit überreden, sich doch lieber einen Stern an unserem vertrauten Nordhimmel auszusuchen. Viel Glück und herzliche Grüße.«

✲

Ferienzeit, Schwimmbadzeit. Gestern waren wir mit Stella in einer jener groß angelegten Badelandschaften, wie sie zurzeit überall entstehen. Man liegt dort unter Palmen auf einem künstlichen Strand und kann sich der Illusion hingeben, man sei im Urlaub. Stella findet das großartig. Sie ist keine besonders ehrgeizige Schwimmerin, sondern planscht am liebsten in den Nichtschwimmerbecken herum. Und dabei machte sie eine Entdeckung, die mich zum Nachdenken anregte. Beim Waten durch das hüfthohe Wasser stellte sie nämlich fest: »Wenn man besonders schnell gehen will, wird man trotzdem nicht schneller. Woran liegt denn das?«

Als sie die ›Bali-Lagune‹ erkundete, dachte ich in meinem Liegestuhl dösend darüber nach, ob ihre Bemerkung nicht ein recht anschauliches Bild für eine bestimmte Eigenschaft der Lichtgeschwindigkeit war, denn auch die Lichtgeschwindigkeit lässt sich ja nicht überschreiten. Sie ist die höchste aller möglichen Geschwindigkeiten – und das zu verstehen fällt uns sehr schwer.

Das Licht – jeder Sonnenstrahl, jede Reflexion, jedes Bild – braucht eine gewisse Zeit, um unser Auge zu erreichen. Dass wir im Alltag davon nichts mitbekommen, liegt an der Geschwindigkeit des Lichts: Es legt in einer Sekunde 300 000 Kilometer zurück. Das ist eine Menge. Wenn wir eine Lampe an der Zimmerdecke anschalten, dann ist das Licht in einer hundertmillionstel Sekunde bei uns. Dennoch können wir uns fragen, ob denn nicht irgendetwas noch schneller sein könnte. Und die Antwort ist: Ein physikalisches Gesetz, das von vielen als sonderbar, wenn nicht gar als vollkommen unverständlich empfunden wird, besagt, dass es nicht geht. Nichts – keine Kanonenkugel und keine noch so fantastisch konstruierte Rakete – kann sich jemals schneller fortbewegen als das Licht.

Das ist für uns schwer zu verstehen. Im Alltag sind wir es gewohnt, dass unser Auto beim Gasgeben schneller wird. Und wenn nicht, dann führen wir das nicht auf ein physikalisches Verbot zurück, sondern darauf, dass der Motor die Grenze seiner Leistungsfähigkeit erreicht hat. Im Prinzip aber halten wir jede Geschwindigkeit für möglich, wenn ein Wagen nur ausreichend stark motorisiert ist.

Nehmen wir einmal an, auf einer Skala von eins bis hundert sei hundert die Lichtgeschwindigkeit. Wenn nun ein Auto mit 99 unterwegs ist, warum soll man es dann nicht auf 101 beschleunigen können? Doch die überraschende Antwort ist: Es geht nicht, ganz egal wie viel Gas man auch geben würde. Alle Experimente, die man bisher zu dem Thema durchgeführt hat (nicht mit Autos, sondern mit ultraschnellen Elementarteilchen), führen zu demselben Ergebnis: Sosehr man sich auch anstrengt, man kommt über die 100 nicht hinaus. Ja, man erreicht sie nicht einmal wirklich. Man bleibt immer einen winzigen Schritt darunter.

Um herauszufinden, warum das so ist, können wir uns einen ›Lichtgeschwindigkeitsläufer‹ vorstellen. Das soll jemand sein, der alle körperlichen Voraussetzungen dafür mitbringt (in erster Linie sehr, sehr lange Beine), um schneller zu laufen als das Licht. Diesen Lichtgeschwindigkeitsläufer lassen wir nun lostraben. Und da er ein hervorragender Läufer ist, erreicht er recht bald und vollkommen mühelos die Geschwindigkeit 99 auf unserer Skala von eins bis hundert. Und nun sagt sich unser Lichtgeschwindigkeitsläufer Folgendes: »Im Moment mache ich einen Schritt pro Herzschlag und laufe 99. Wenn ich nun meine Schrittzahl verdoppele und zwei Schritte pro Herzschlag mache, dann laufe ich logischerweise 198. Und damit habe ich die Lichtgeschwindigkeit deutlich überschritten.«

Um den Rekordversuch des Lichtgeschwindigkeitsläufers zu überwachen, steht am Streckenrand ein Zeitnehmer. Er beobachtet den Läufer und misst mit einer Uhr dessen Geschwindigkeit. Dabei stellt er fest, dass der Läufer einen Schritt pro Sekunde macht, was bei seinen riesig langen Beinen eine Geschwindigkeit von 99 auf unserer Skala von eins bis hundert bedeutet. Beide – Lichtgeschwindigkeitsläufer und Zeitnehmer – messen also dieselbe Geschwindigkeit, ganz so, wie wir es mit unserem gesunden Menschenverstand ja auch erwarten.

Doch dann beginnt der Lichtgeschwindigkeitsläufer seine Schritte zu beschleunigen. Von einem Schritt pro Herzschlag erhöht er seine Schrittzahl wie geplant auf zwei Schritte pro Herzschlag und glaubt nun, die Lichtgeschwindigkeit deutlich überschritten zu haben. Doch dann fällt sein Blick erstaunt auf die Uhr des Zeitnehmers am Streckenrand, und er sieht, dass diese immer noch bei jedem seiner Schritte um eine Sekunde weiterspringt. Das hält er für vollkommen unmöglich, denn er hat seine Schrittzahl doch verdoppelt. Irgendetwas, denkt er, kann hier nicht stimmen.

Um der Sache auf den Grund zu gehen, sieht er auf seine eigene Armbanduhr, und diese scheint richtig zu gehen: Sie springt bei jedem Herzschlag und bei jedem *zweiten* Schritt eine Sekunde weiter. Das heißt aber, dass sie gegenüber der Uhr des Zeitnehmers nun nachgeht, denn diese springt ja bei *jedem* Schritt eine Sekunde weiter. Irgendwie hat sich der Gang der Läufer-Uhr gegenüber dem Gang der Zeitnehmer-Uhr halbiert. Und jede weitere Beschleunigung verstärkt diesen sonderbaren Effekt. Jeder Versuch des Lichtgeschwindigkeitsläufers, schneller zu werden, verlangsamt seine Uhr gegenüber der des Zeitnehmers.

Der Zeitnehmer selbst bekommt von den Nöten des Lichtgeschwindigkeitsläufers überhaupt nichts mit. Er wundert sich vielleicht, dass dieser nicht schneller wird, sondern nach wie vor einen Schritt pro Sekunde macht und also immer noch eine Geschwindigkeit von 99 auf unserer Skala von eins bis hundert hat. Irgendetwas scheint dem Überschreiten der Lichtgeschwindigkeit im Weg zu stehen. Offenbar erhöht der Lichtgeschwindigkeitsläufer durch die Beschleunigung seiner Schritte nicht etwa seine Geschwindigkeit, sondern bremst lediglich den Fluss seiner Zeit gegenüber der des Zeitnehmers. Und daran scheitert sein Rekordversuch.

Aber kann das sein? Können Uhren, je nachdem ob sie ruhen oder in Bewegung sind, ob sie sich zum Beispiel in einem

Flugzeug befinden oder auf dem Erdboden, unterschiedlich schnell gehen? Oder ist das nicht eine vollkommen unsinnige Vorstellung, weil die Zeit doch überall, an jedem Punkt des Universums gleichmäßig und von allem unabhängig vergeht?

Und die Antwort ist: Sie tut es nicht. Die Zeit ist keine unabhängige, universale Größe, sondern eine relative, von äußeren Umständen abhängige. In einem Flugzeug vergeht sie langsamer als auf dem Erdboden und in einer Rakete langsamer als in einem Flugzeug. Würde man versuchen, eine Uhr mit einer gigantischen Rakete über die Lichtgeschwindigkeit hinaus zu beschleunigen, so würde sie immer langsamer und langsamer werden und dadurch jede Beschleunigung sozusagen neutralisieren, sodass die Rakete immer knapp unterhalb der Lichtgeschwindigkeitsgrenze bliebe. Dass es nicht möglich ist, die Lichtgeschwindigkeit zu überschreiten, liegt also nicht daran, dass es uns noch nicht gelungen ist, einen geeigneten Antrieb zu konstruieren. Es liegt daran, dass uns die Zeit – so unglaublich es klingt – immer einen Strich durch die Rechnung macht.

Als Passagiere würden wir aber von der Zeitverlangsamung in der Rakete überhaupt nichts mitbekommen, denn wir lebten ja nicht in einer universalen Zeit (die es nicht gibt), sondern in der lokalen Raketenzeit. Erst bei unserer Rückkehr aus dem Weltraum würden wir bemerken, wie sehr unsere Zeit gegenüber der auf der Erde nachgeht. Je nach Reisegeschwindigkeit wären wir nur wenige Monate gealtert, auf der Erde aber könnten währenddessen Jahre oder Jahrzehnte vergangen sein. Wir kämen in eine völlig andere Welt zurück, in eine Welt, in der unsere Kinder vielleicht älter wären als wir selbst.

Ich erschrak über diesen Gedanken. Er war physikalisch unabweisbar korrekt und kam mir doch surreal und albtraumhaft vor. Ich befürchtete einzuschlafen und in einer anderen Welt zu erwachen, in einer mir unverständlichen Zukunft, in der Stella vielleicht schon gestorben wäre. In einer Welt, in der ich nur noch das Fossil einer vergangenen Epoche wäre.

Ich öffnete schnell die Augen, um nicht wirklich einzuschlafen. Stella war von ihrer Erkundung der ›Bali-Lagune‹ wieder zurückgekehrt und winkte mir zu. Ich atmete auf: Sie war immer noch das kleine blonde Mädchen, das ich kannte. Erleichtert schüttelte ich alle Gedanken ab und war in wenigen Sekunden bei ihr, indem ich die ›Wassergeschwindigkeit‹ ganz einfach durch einen weiten Sprung in ihre Richtung überschritt.

✲

Eines Abends sagte Stella zu mir: »Papi, wenn ich meinen Stern gefunden habe, kann ich dann irgendwann mal zu ihm hinfliegen?«

»Das geht leider nicht«, sagte ich. »Die Sterne sind viel zu weit weg.«

»Wie weit?«

»Unglaublich weit. Ein Lichtstrahl braucht Jahre, um zu einem Stern zu kommen.«

»Und wie schnell ist ein Lichtstrahl?«

»Sehr schnell. Wenn man auf einem Lichtstrahl reiten könnte, wäre man in einer Sekunde auf dem Mond.«

»Aber es sind doch schon Menschen zum Mond geflogen!«

»Ja«, sagte ich. »Aber nicht in einer Sekunde. Sie haben dafür vier Tage gebraucht, das sind etwa 350 000 Sekunden. Für ein Licht*jahr* würden sie also 350 000 *Jahre* brauchen. Und da der nächste benachbarte Stern – er heißt Alpha Centauri – vier Lichtjahre von der Erde entfernt ist, wären sie dorthin länger als eine Million Jahre unterwegs. So alt werden wir Menschen aber nicht. Gott sei Dank. Ich glaube, es würde uns ziemlich langweilig werden, wenn wir mehr als eine Million Jahre in einem Raumschiff zubringen müssten.«

Die Entfernungen im Universum anschaulich darzustellen ist ein schwieriges Unterfangen. Wenn Erde und Mond in eine Murmel passen würden, dann entspräche ein Lichtjahr ungefähr 150 Kilometern. Läge unsere Erde-Mond-Murmel in Berlin auf dem Alexanderplatz, dann befände sich Alpha Centauri irgendwo in Köln – ziemlich weit weg für ein Raumschiff, das Tage zum Durchqueren unserer Murmel braucht.

Die Milchstraße – eine Ansammlung von mehr als hundert Milliarden Sternen, die wir in sehr klaren Nächten als nebliges Band am Himmel erkennen können – hat einen Durchmesser von etwa hunderttausend Lichtjahren. Würden wir sie auf die Größe Deutschlands schrumpfen lassen, könnten wir unsere Erde-Mond-Murmel mit bloßem Auge gar nicht mehr erkennen. Wir bräuchten dazu ein sehr gutes Mikroskop, denn ihr Durchmesser betrüge weniger als ein tausendstel Millimeter.

Aber auch die Milchstraße ist nur ein winziger Teil des sichtbaren Universums. Sie ist eine Galaxie, und es gibt etwa hundert Milliarden Galaxien, die mit ihr vergleichbar sind. Würde man alle radikal verkleinern, sodass das gesamte Universum in der Erdkugel Platz hätte, dann wäre unsere Milchstraße ungefähr so groß wie ein Fußballfeld. Die Größe des Balls entspräche in etwa der Kugel jener Sterne, die wir mit bloßem Auge gerade so eben noch erkennen können, und unsere Erde-Mond-Murmel hätte die Ausdehnung eines Atoms.

»Weißt du«, sagte ich zu Stella, »ein berühmter Astronom hat einmal gesagt, dass es mit den Sternen so ist wie mit den Sahnetörtchen in einem geschlossenen Bäckerladen. Wir Menschen stehen am Schaufenster, drücken uns die Nase platt und werden sie niemals bekommen.«

Stella rollte sich in ihre Bettdecke und sagte: »Ach, weißt du, wenn wir kein Sahnetörtchen bekommen, dann kaufen wir einfach eine Packung Schokokekse im Supermarkt. Die mag ich sowieso lieber.«

✫

Gestern habe ich wieder eine Mail von Berits Vater aus Südafrika bekommen. »Du musst mir dringend helfen!«, schrieb er. »Berit hat am Himmel zwei verwaschene Flecken entdeckt, so ähnlich wie zwei Fingerabdrücke. Und nun will sie von mir wissen, worum es sich dabei handelt. Man hat uns hier gesagt, dass es irgendwelche Wolken wären, aber das kann doch nicht sein, oder? Wolken bewegen sich ja, aber die Dinger stehen immer an der gleichen Stelle. Berit überlegt, ob sie sich statt eines Sterns nicht so eine Wolke am Himmel aussuchen soll. Sie meint, das müsste doch sehr kuschelig sein. Was soll ich ihr sagen?«

Ich antwortete: »Was ihr dort seht, sind die beiden Magellanschen Wolken. Insofern hat man euch nichts Falsches gesagt. Aber natürlich handelt es sich nicht um normale Wolken. Es sind zwei Himmelsobjekte, die – wie das Kreuz des Südens – erstmals von Magellan erwähnt worden sind. Es handelt sich um zwei kleine Galaxien, das heißt um zwei Ansammlungen von sehr vielen Einzelsternen. Sie erscheinen uns lediglich deshalb als Wolken, weil sie so weit weg sind. Das ist genauso wie bei unseren Wolken auf der Erde, die ja in Wahrheit aus vielen kleinen Wassertröpfchen bestehen. Die Sterne in den Magellanschen Wolken sind so weit weg, dass sie zusammen einen nebligen Fleck bilden. Die Milchstraße, also das schwache Band, das man in klaren Nächten bei uns am Himmel sehen kann, ist übrigens auch eine Galaxie. Unsere eigene nämlich. Sie ist eine Art kosmische Frisbeescheibe aus Milliarden von Sternen, an deren Rand wir uns befinden. In ihrem Zentrum gibt es eine riesige Massenverdichtung, und wir Astronomen glauben, dass es sich dabei um etwas handelt, das wir Schwarzes Loch nennen. Wenn man die Milchstraße von oben betrachten würde, sähe sie aus wie ein gigantischer Badewannenabfluss, in den Sterne, Staub und Gas hineinstrudeln. Vor kurzem hat man sogar herausgefunden, dass es in ihrer Mitte einen leuchtenden Balken gibt wie eine Querstrebe bei einem Riesenrad. Wir Astronomen bezeichnen sie daher als Balkengalaxie. Galaxien können nämlich sehr unterschiedlich aussehen, das zeigen schon ihre Namen. Es gibt die Sombrero-Galaxie, die Wagenrad-Galaxie, die Mäuse-Galaxie oder die Antennen-Galaxie. Die Magellanschen Wolken sind als Galaxien allerdings recht klein und haben keine ausgeprägte Form. Man nennt sie irreguläre Zwerggalaxien, wobei klein wiederum relativ ist – in der größeren der beiden Magellanschen Wolken tummeln sich immerhin auch etwa zehn Milliarden Sterne. Sie sind 150 000 bis 200 000 Lichtjahre von uns entfernt. Kosmisch gesehen ist das nicht besonders weit, aber was heißt das schon. Ihr Licht ist auf die Reise gegangen, als wir Menschen noch in Höhlen gelebt und Mammuts gejagt haben. Ach ja, und 1987 gab es in der Großen Magellanschen Wolke eine Supernova. Das war für uns Astronomen sehr aufregend! Eine Supernova ist die Explosion eines Sterns, wobei der Explosionsblitz für kurze Zeit so hell leuchtet wie die gesamte Galaxie. Die Sache mit der kuscheligen Wolke kannst du Berit also getrost ausreden. Sie soll sich lieber für einen einzelnen Stern entscheiden, und nicht für eine ganze Galaxie. Bei einem Stern – wenn's der richtige ist – kann sie sicher sein, dass er noch lange Zeit ruhig vor sich hin funkelt und ihr nicht unerwartet mit gigantischem kosmischem Getöse um die Ohren fliegt! Herzlichste Grüße an euch alle!«

✡

Es hatte ja so kommen müssen: Als Anfang Mai der Mars mit seinem warmen rötlichen Leuchten am Abendhimmel erschien, war Stella sofort entschlossen, ihn zu ›ihrem Stern‹ zu machen. Doch auch der Mars war, wie zuvor schon die Venus und der Jupiter, kein Stern, sondern ein Planet. Und das entmutigte Stella. »Immer wenn ich einen Stern schön finde«, sagte sie, »ist es ein Planet!«

Ich strich ihr tröstend über den Kopf, aber ich konnte im Falle des Mars wirklich keine Ausnahme machen. Denn von allen Planeten ist der Mars – unser äußerer Nachbar im Sonnensystem – der Erde am ähnlichsten und sozusagen am wenigsten Stern. Zwar ist er, im Gegensatz zur Venus, deutlich kleiner als die Erde, aber nirgendwo sonst im Sonnensystem kommen die Umweltbedingungen den unseren so nah wie auf dem Mars, obwohl sie immer noch sehr weit von den lebensfreundlichen Zuständen auf der Erde entfernt sind.

Doch immerhin: Die Temperaturen am Marsäquator können tagsüber angenehme zwanzig Grad erreichen, und es gibt dort so etwas wie Jahreszeiten. Nachts und an den Polen ist es allerdings äußerst frostig, und die Atmosphäre ist viel zu dünn und zu sauerstoffarm, als dass man dort atmen könnte. Auch Wasser gibt es nur in gefrorener Form – doch das war offensichtlich nicht immer so. Nach allem, was wir wissen, war der Mars in der Frühzeit des Sonnensystems einmal so etwas wie der kleine Bruder der Erde: Die Atmosphäre war dichter und die Temperatur höher, sodass Flüsse und Seen die Oberfläche bedeckten.

Die Marsatmosphäre bestand (und besteht) zu 95 Prozent aus Kohlendioxid. Dieses Gas hat eine Eigenschaft, die uns auf der Erde momentan sehr zu schaffen macht: Es ist eine Ursache für den Treibhauseffekt. Man kann sich die Wirkung von Kohlendioxid so vorstellen wie die einer Autoscheibe: Die Sonnenwärme wird hereingelassen, nicht aber wieder hinaus. Jeder weiß, wie sehr sich das Innere eines Wagens im Sommer aufheizen kann. Das ist nicht angenehm, vor allen Dingen nicht, wenn wir uns vorstellen, es wäre überall so. Im Gegensatz zu Autos können wir die Erde nämlich nicht im Schatten parken.

Auf dem Mars war der Treibhauseffekt dagegen sehr nützlich. Solange die Atmosphäre dicht genug war, sorgte sie für warme Temperaturen, wohl vergleichbar denen auf der Urerde. Und viele Forscher fragen sich deshalb, ob es auf dem Mars nicht auch die Anfänge von Leben gegeben haben könnte. Vor ein paar Jahren hat man in einem Meteoriten, der vom Mars stammt, bestimmte chemische Spuren gefunden, die manche Forscher als Reste fossiler Marsbakterien deuten. Allerdings ist diese Theorie bis heute umstritten.

Warum die Meere auf dem Mars schließlich wieder verschwunden sind, um wie viel Wasser es sich gehandelt hat, wie hoch die Temperaturen einmal waren und ob eine biologische Evolution möglich gewesen wäre – wir wissen es nicht wirklich. Sicher ist nur: Irgendwann fielen die mittleren Temperaturen unter den Gefrierpunkt, sodass alle offenen Gewässer vereisten und schließlich unter einer dicken Staub- und Gesteinsschicht begraben wurden.

Endgültige Klarheit darüber, ob es auf dem Mars einmal Leben gegeben hat (oder vielleicht sogar in Form von Mikroben noch gibt) oder nicht, werden wohl erst bemannte Marsmissionen bringen. Doch solche Missionen sind sehr aufwendig, und ob und in welchem Umfang Menschen einmal auf dem Mars landen werden, darüber kann man im Moment nur spekulieren.

Und noch eine weitere, das Leben betreffende Frage taucht im Zusammenhang mit dem Mars häufig auf: Könnten Menschen seine Oberfläche kolonisieren und auf ihr dauerhaft Fuß fassen? Auch dazu gibt es Pläne. Die Idee ist, das Klima auf dem Mars durch hohe Kohlendioxid-Emissionen (beispielsweise durch das Abschmelzen des gefrorenen Kohlendioxids an den Polen) gezielt zu erwärmen, um ihn dadurch lebensfreundlich zu machen. Diese wahrlich kühnen Pläne haben sogar schon einen Namen: Sie kursieren in den einschlägigen Internet-Foren unter dem Begriff Terraforming, was so viel wie ›Vererdung‹ oder ›Vererdähnlichung‹ bedeutet. Man könnte sie insgesamt als Mischung aus Science-Fiction und Wunschdenken bezeichnen, aber ihre wissenschaftlichen und technischen Grundlagen sind nicht ganz und gar aus der Luft gegriffen.

Um sie ein wenig aufzumuntern, sagte ich beim Abendessen zu Stella: »Jetzt sind nur noch zwei Planeten übrig, die du irrtümlich für Sterne halten kannst: der Merkur und der Saturn. Der Saturn wird im Sommer sichtbar. Er ist sehr hell und wird dir sicher gefallen. Er hat einen Ring und sieht aus wie ein Kreisel. Und der Merkur ist sehr klein und schnell. Fast zu klein, um ihn zu erkennen. In den Sagen der Griechen und Römer saust er als Überbringer göttlicher Botschaften unermüdlich am Himmel herum. Wir können ja mal versuchen, ihn zu entdecken. Aber heute ist er schon untergegangen. Er geht sozusagen immer als Erster von allen Planeten zu Bett.«

Ja, dachte ich, eigentlich haben Stella und der Merkur vieles gemeinsam: Von allen Planeten ist der Merkur der kleinste, dafür aber saust er mit enormer Geschwindigkeit den ganzen Tag über herum. Nur das mit dem frühen Zu-Bett-Gehen klappt bei Stella irgendwie nicht besonders.

Merkur zu beobachten ist sehr schwierig. Als innerster aller Planeten steht er immer sehr nahe bei der Sonne und ist daher nur morgens oder abends im Licht der Dämmerung sichtbar – und auch das immer nur für kurze Zeit, denn er ist sehr schnell. Wie ein Sprinter auf der Innenbahn eines Stadions zieht er der weiter außen laufenden Erde immer in kürzester Zeit davon. Ist er einmal am Abend- oder Morgenhimmel zu sehen, dann höchstens für zwei oder drei Wochen. Danach taucht er wieder in den grellen Schein der Sonne ein und wird dort für uns unsichtbar. Ein wenig ist es so, als wollten wir eine Mücke beobachten, die mit hoher Geschwindigkeit eine Straßenlaterne umschwirrt. Ihr Flug ist für unser Reaktionsvermögen zu schnell, und außerdem werden wir vom Licht der Laterne geblendet.

Bei den Römern war Merkur der Bote, der mit geflügelten Schuhen am Firmament herumeilte, um den dort wohnenden Göttern Botschaften zu überbringen. Immer war er unterwegs, niemals kam er zur Ruhe. Und er trieb mit seiner rastlosen Fang-mich-doch!-Natur eine Menge Astronomen zur Verzweiflung. Bereits Kopernikus klagte vor mehr als vier Jahrhunderten, der Planet habe ihn mit vielen Rätseln und großer Mühsal gequält.

Johannes Kepler hatte deswegen die verblüffende Idee, den Merkur nicht nachts zu beobachten, sondern am Tag. Zwar könnte man meinen, dies sei erst recht unmöglich, aber da die Merkurbahn sonnennäher ist als die der Erde, kann es vorkommen, dass sich der kleine Planet zwischen uns und die Sonne schiebt. Er erscheint dann als schwarzes Pünktchen vor der Sonnenscheibe und lässt sich durch ein rußgeschwärztes Glas beobachten.

Johannes Kepler rechnete aus, dass der Merkur sich am 7. November 1631 vor die Sonne schieben würde. Doch es war ihm nicht mehr vergönnt, seine Voraussage zu überprüfen, weil er ein Jahr zuvor starb. Der französische Astronom Pierre Gassendi nutzte die Daten aber, um das Ereignis zu beobachten, das pünktlich eintrat. Anschließend zeigte er sich überrascht, wie klein der von ihm aufgespürte Planet war. Man hatte den dahineilenden Götterboten stets für einen langbeinigen Riesen gehalten, und nun stellte sich heraus, dass er ein planetarer Zwerg war, der es nicht einmal auf fünftausend Kilometer Durchmesser brachte – ein dunkler Stecknadelkopf vor der immensen Sonnenscheibe.

Am Wochenende kam Stella mit ihrem Feldstecher zu mir. Ich dachte, ich sollte ihr den Merkur zeigen, aber sie wollte etwas anderes. Sie hatte in ihrem Fernglasköcher einen rätselhaften Zettel gefunden. Sie zeigte ihn mir und sagte: »Sieh mal, Papi. Vielleicht kommt der vom Merkur. Er ist doch Bote, hast du gesagt.»

Sie gab mir den Zettel, der postkartengroß war und in der Mitte einmal gefaltet. In kindlich wirkenden Druckbuchstaben stand darauf: »Morgens geht er auf, dein Stern.«

Ich war irritiert und fragte: »Hast *du* das geschrieben?«

Sie schüttelte den Kopf. »Nein. Wirklich nicht. Ich weiß nicht, von wem der Zettel ist.«

»Und er war in deinem Fernglasköcher?«

»Ja«, sagte sie. »Was bedeutet das?«

»Hm«, machte ich und las die sonderbare Zeile noch einmal. Die Buchstaben waren wirklich sehr kindlich, aber vielleicht waren sie auch nur auf kindlich gemacht. Ich stand vor einem Rätsel.

Stella sagte: »Morgens kann doch kein Stern aufgehen. Das ist doch komisch.«

»Das stimmt nicht«, sagte ich. »Auch morgens gehen Sterne auf. Wenn wir sehen, dass ein Himmelskörper auf- oder untergeht, dann sehen wir in Wirklichkeit ja unsere eigene Bewegung, also die der Erde. Sie dreht sich, und deswegen steigen die Himmelskörper im Osten scheinbar über den Horizont und sinken im Westen wieder auf ihn hinab. Das ist ein wenig so wie beim Fahren über eine Bergkuppe: Unser Blick fällt dabei allmählich ins nächste Tal, das hinter dem Berghorizont ›aufgeht‹.«

Und da die Erde sich ununterbrochen dreht, gehen auch ununterbrochen Sterne auf: am Abend, in der Nacht, am Morgen und natürlich auch mitten am Tag. Wir bemerken davon lediglich deshalb nichts, weil wir am Tag keine Sterne sehen können. Ihr Licht ist zu schwach und wird vom hellen Schein der Sonne völlig überstrahlt. Doch selbst wenn wir unter einem gleißend blauen Himmel ein Sonnenbad nehmen, liegen wir in Wahrheit unter einem großen Sternenzelt.

Wenn die Sonne ›aufgeht‹, verdrängt ihre Helligkeit allmählich die der Sterne. Einer der wenigen Himmelskörper, die morgens noch sichtbar auf- oder am frühen Abend untergehen können, ist der Merkur. Er ist so eng an die Sonne gebunden wie eine Sitzgondel an ein Kettenkarussell. Und wir, die wir seinen Flug von außen betrachten, sehen ihn immer im glitzernden Schein der Karussellbeleuchtung.

Im Garten mussten wir aber feststellen, dass im Westen, dort wo die Sonne gerade unterging, Wolken aufgezogen waren. Mit unserer Merkurbeobachtung würde es also nichts werden.

»Er bringt mir so einen Zettel«, sagte Stella, »und dann saust er blitzschnell davon!«

»Ja, das ist typisch«, sagte ich und dachte an Kopernikus, der sich auch schon so bitter über die Manieren des kleinen Planeten beschwert hatte.

Als Stella im Bett lag, dachte ich über den Zettel nach, den sie gefunden hatte. »Morgens geht er auf, dein Stern« – die Zeile blieb rätselhaft. Der einzige echte Stern, der verlässlich immer morgens aufgeht, ist ganz einfach die Sonne selbst. Doch das schien mir als Lösung des Rätsels zu einfach. Entweder hatte der Verfasser dieser Botschaft sehr präzise astronomische Kenntnisse, oder das Ganze war nur ein Spaß, ein Versuch, Stella auf der Suche nach ihrem Stern ein wenig zu verwirren. Das nahm ich im Grunde an. Vielleicht hatte Berit die Zeile in den Köcher geschmuggelt. Es konnte sich um einen Vers aus einem Kinderbuch handeln, den sie abgeschrieben hatte. Oder ihr Bruder Sven hatte sich diesen Spaß erlaubt und sie dazu überredet, den Zettel in Stellas Zimmer zu verstecken. Schließlich konkurrierten die beiden, Berit und Stella, als Sternsucherinnen miteinander. Es konnte Berit also nur recht sein, wenn Stella ein wenig auf die falsche Fährte gelockt wurde. In jedem Fall würde ich Stella, die den Zettel sehr ernst nahm, sanft beibringen müssen, dass er höchstwahrscheinlich keine göttliche Botschaft war, sondern nur ein Ablenkungsmanöver.

✡

Vor ein paar Tagen kam Stella zu mir und sagte: »Berit hat gesagt, sie hätte gestern eine Sternschnuppe gesehen. Und deswegen durfte sie sich etwas wünschen. Das ist ungerecht. Ich habe noch nie eine Sternschnuppe gesehen. Und außerdem hast du gesagt, dass Sterne nicht vom Himmel fallen können.«

»Das können sie auch nicht«, sagte ich. »Sternschnuppen haben mit den Sternen in Wirklichkeit gar nichts zu tun. Deswegen sprechen Astronomen auch nicht von Sternschnuppen, sondern von Meteoriten. Das sind Gesteinsbrocken, die im Weltall herumfliegen. Die meisten sind sehr klein, so klein wie Nüsse oder noch kleiner. Sie erreichen den Erdboden nicht – zum Glück. Stell dir vor, uns würden dauernd Nüsse auf den Kopf fallen. Aber die Erde hat eine Lufthülle, in der die Steine abgebremst werden. Dabei werden sie ganz heiß und fangen an zu leuchten. Das ist es, was wir sehen. Sie ziehen eine kurze Leuchtspur durch den Nachthimmel, und dann sind sie auch schon verglüht. Man sieht Sternschnuppen nur, wenn man zufälligerweise in der richtigen Sekunde an den richtigen Punkt am Himmel schaut. Das ist natürlich nicht so häufig der Fall, und weil man also ein bisschen Glück braucht, um eine Sternschnuppe zu sehen, glauben viele, dass Sternschnuppen Glück bringen und man sich deswegen etwas wünschen darf.«

»Und das stimmt gar nicht?«

»Wünschen kann man sich immer etwas«, sagte ich. »Warum denn auch nicht? Es ist sogar ganz wichtig, Wünsche zu haben.«

Aber das tröstete sie nicht so recht. Sie befürchtete, sie würde nie so viel Glück haben, eine Sternschnuppe zu sehen. Deswegen rief ich eine Internet-Adresse mit einem Meteoriten-Kalender auf. Meteoriten fliegen nicht ganz und gar zufällig im Weltraum umher. Die meisten gehören zu Meteoritenströmen, die die Erdbahn kreuzen und deswegen zu bestimmten Zeiten im Jahr die Meteoritendichte erhöhen. Bei den großen Strömen, z.B. den Leoniden im August oder den Geminiden im Dezember, kommt es in den Spitzen zu mehr als einem Treffer pro Minute.

Doch bedauerlicherweise war es Juni, und da ist in Sachen Meteoriten am Himmel nicht viel los. Ich fand in dem Kalender lediglich die Ophiuchiden und den Scorpius-Sagittarius-Strom mit jeweils einem schwachen Maximum in der zweiten Junihälfte. Ich ging trotzdem zu Stella und sagte: »Wenn du möchtest, können wir uns am Wochenende ja zwei Liegestühle in den Garten stellen und am Abend ein bisschen in den Himmel schauen. Mit etwas Glück erwischen wir vielleicht ein paar Meteoriten und du kannst dir etwas wünschen. Du darfst aber nicht enttäuscht sein, wenn's nicht klappt.«

»Bin ich bestimmt nicht«, versicherte sie mir, und ihre Augen leuchteten dabei wie Sternschnuppen.

Stella ist es gewohnt, eine DVD einzulegen, um auf dem Fernseher das erscheinen zu lassen, was sie zu sehen wünscht. So leicht würde es mit den Ophiuchiden oder dem Scorpius-Sagittarius-Strom nicht werden. Doch vielleicht hatte das ja auch sein Gutes. Ich wollte ihr nämlich nicht den Eindruck vermitteln, dass der Nachthimmel auf Knopfdruck funktionierte. Ein berühmter Astronom hat über unseren Beruf und die Tatsache, dass wir stundenlang vor den Monitoren von Großteleskopen sitzen, um kleine Lichtpünktchen zu beobachten, einmal gesagt: Genau genommen sei der Nachthimmel das langweiligste Fernsehprogramm der Welt.

Ich hoffte also das Beste, als ich am Wochenende wie versprochen die Liegestühle in den Garten stellte, sodass wir

Richtung Südosten schauen konnten. Ophiuchus, der Schlangenträger, ist ein ausgedehntes, aber nicht sehr auffälliges Sternbild in der Nähe von Schütze und Skorpion. Dort sollten die Ophiuchiden erscheinen. Im Idealfall, so hatte ich recherchiert, würden wir vielleicht eine Sternschnuppe pro Viertelstunde erwischen. Das war nicht gerade üppig, und ich fragte mich, ob ich Stellas Aufmerksamkeit länger als fünfzehn Minuten auf den ansonsten ereignislosen Sternenhimmel würde lenken können.

Um uns die Zeit zu vertreiben, erklärte ich ihr die Sterne, die in unserem Blickfeld lagen. Der hellste war die bläuliche Wega im Osten, die dort im Laufe der kommenden Wochen immer höher und höher steigen würde, um in den Hochsommernächten fast im Zenit zu stehen. Sie war der erste Fixstern, von dem je eine fotografische Aufnahme gemacht worden ist, eine Daguerreotypie im Jahr 1850. Links von ihr stand Deneb, der Schwanzstern des Schwans, ein heißer Überriese, dessen tatsächliche Leuchtkraft etwa zweihunderttausend Mal so groß ist wie die der Sonne. Stünde Deneb im Zentrum unseres Sonnensystems, würde er über die Erdbahn hinausreichen und uns schon längst geschluckt haben.

»Und da ist auch so ein komischer Nebel im Himmel«, sagte Stella. »Ich glaube, das ist eine Wolke.«

»Das ist die Milchstraße«, sagte ich.

»Eine Straße aus Milch?«

»So haben die Griechen dieses nebelhafte Licht genannt. Sie wussten noch nicht, dass es sich dabei in Wirklichkeit um unglaublich viele einzelne Sterne handelt, die zusammen wie eine Wolke aussehen.«

»Und woher wissen *wir* das?«

»Das kann man in einem Fernrohr erkennen. Die Milchstraße ist eine riesige flache kreisförmige Scheibe aus ganz vielen Sternen, und die Sonne ist einer davon. Das bedeutet, dass wir die Scheibe nicht von oben oder unten sehen, sondern immer von der Seite. Und deshalb umgibt uns die Milchstraße wie ein schmales Nebelband. Das ist so wie auf dem Schulhof in der großen Pause. Wenn du dich umdrehst, siehst du überall Mitschüler, sie umgeben dich wie ein schmales Band – über oder unter dir ist ja keiner. Wenn du sehr genau hinschaust, kannst du sogar feststellen, ob du in der Mitte des Schulhofs stehst oder eher am Rand. Du musst nur zählen, wie viele Schüler du in der einen Richtung siehst und wie viele in der anderen. Siehst du in alle Richtungen gleich viele Schüler, dann stehst du in der Mitte des Schulhofs. Sind es auf der einen Seite deutlich weniger als auf der anderen, dann stehst du irgendwo am Rand. Ungefähr so haben wir Astronomen es mit den Sternen gemacht und dabei festgestellt, dass die Sonne nicht im Zentrum der Milchstraße steht. Die Galaxie ist sozusagen ein Riesenrad, und wir sind eine kleine Gondel weit außen. Allerdings dauert eine Umdrehung ziemlich lange, 230 Millionen Jahre nämlich. Vor 230 Millionen Jahren begannen gerade die ersten Dinosaurier auf der Erde herumzustapfen, und seitdem haben wir nur eine Runde geschafft. Aber im Kosmos sind solche Zeiträume eigentlich nichts Besonderes.«

»Papi, da war eine!«, schrie Stella mir plötzlich ins Ohr. Sie war ganz aufgeregt. »Hast du sie gesehen? Die hat ganz toll geleuchtet! Die war bestimmt heller als die von Berit.«

Aber ich hatte das große Sternschnuppenereignis verpasst, weil ich beim Sinnieren über die Milchstraße und die kosmischen Zeiträume nicht aufgepasst hatte. Als Astronom gewöhnt man sich an solche kleinen Fehlschläge, denn so ist der Himmel: Manches dort passiert im Bruchteil einer Sekunde, für anderes braucht es 230 Millionen Jahre.

✲

Stellas Suche nach ihrem Stern gestaltet sich im Moment schwierig. Die Tage werden immer länger, und wenn Stella abends zu Bett geht, ist es draußen noch hell. Spätestens um acht Uhr lassen wir in ihrem Zimmer die Rollos herunter, und Ausnahmen davon – wie die zur Beobachtung der Ophiuchiden – können wir nur am Wochenende machen. Denn kommt sie zu spät ins Bett, holt sie den fehlenden Schlaf, wie wir von ihrer Lehrerin wissen, in der ersten Schulstunde nach.

»Wenn die Nächte immer kürzer werden«, überlegte sie vor ein paar Tagen sehr logisch, »dann gibt es ja irgendwann überhaupt keine Nächte mehr.«

»Ab heute werden sie schon wieder länger«, sagte ich. »Heute Mittag stand die Sonne nämlich an der höchsten Himmelsstelle, die sie in ihrem Jahreslauf erreicht. Deswegen heißt der Tag heute Sommeranfang. Das ist der längste Tag des Jahres, und die darauffolgende Nacht ist die kürzeste, die es gibt. Es wird fast gar nicht richtig dunkel. Sie heißt Mittsommernacht. Früher hat man geglaubt, Elfen und Trolle würden in der Mittsommernacht herumspuken. Aber das ist natürlich nur in unserer Fantasie so.«

»Aber wie können Tage immer länger werden und Nächte immer kürzer? Das verstehe ich nicht.«

»Das hängt mit der Sonne zusammen«, sagte ich. »Weil sie im Sommer viel höher steigt als im Winter, braucht sie länger, um ihren Tagesbogen zu durchlaufen. Und deswegen ist es im Sommer so lange hell. Im Winter dagegen steigt sie nicht so hoch und ist nur kurz zu sehen.«

»Und warum ist das so?«

»Du weißt doch, dass die Erde eine Kugel ist, die sich dreht«, sagte ich. »Allerdings steht ihre Drehachse ein wenig schief wie bei einem schlingernden Kreisel. Im Sommer zeigt die Erdachse tagsüber zur Sonne hin und im Winter von ihr weg. Das ist ein bisschen so, als würden wir auf einer Wippe sitzen. Wenn wir oben sind, dann steht die Sonne ganz hoch über der anderen Seite der Wippe. So ist es im Sommer. Aber wenn wir unten sind, dann steht die Sonne viel weniger hoch über der anderen Seite. In Wirklichkeit verändert die Sonne ihre Stellung dabei gar nicht, sondern wir auf unserer Erdwippe sind es, die sich bewegen. Mal zur Sonne hin, mal von ihr weg. Und heute sind wir beim Wippen ganz oben angekommen. Und deswegen ist heute der längste Tag und zugleich die kürzeste Nacht.«

»Aber Papi«, sagte Stella, und an ihrem Ton hörte ich, dass nun eine Bitte folgen würde, die ihr sehr wichtig war, »ich möchte trotzdem aufbleiben, bis es dunkel ist. Das mit den Trollen und Elfen hat Berit nämlich auch gesagt.«

»Und du meinst, dass dir die Elfen dabei helfen können, deinen Stern zu finden?«

»Aber nein, Papi! Das weiß ich doch, dass sie das nicht können. Ich bin doch kein Baby mehr. Aber weißt du«, druckste sie herum, »Berit hat nämlich auch so einen Zettel gekriegt.«

»Was für einen Zettel?«

»Na, so einen Zettel mit einer Zeile drauf.«

»Ach?«

»Ja, und da stand: ›Im Süden brauchst du nicht zu suchen‹.«

»Aha? ... Das ist ja eigenartig ...«

»Ja, weißt du«, fuhr sie aufgeregt fort, »das ist doch komisch. Wir bekommen beide so geheimnisvolle Zettel. Warum eigentlich? Und da haben wir uns gedacht, dass das vielleicht die Trolle waren. Trolle machen so was. Trolle und Elfen und Wichtel und so. Und wenn wir heute Nacht aufbleiben dürfen, dann können wir vielleicht herausfinden, wer die Zettel geschrieben hat. – Bitte, bitte, bitte! Es ist doch Wochenende.«

»Ich werde mal mit Mama darüber reden.«

Nachmittags kreisten meine Gedanken um diese Zettel, von denen jetzt also auch Berit einen bekommen hatte. Was steckte hinter diesen sonderbaren Botschaften? In solchen Momenten beneidete ich Stella. Wie schön war es, daran glauben zu können, dass hier Trolle, Elfen oder Wichtel am Werk waren.

Wie schön war es, an Glückssterne und eine magische Mittsommernachtswelt glauben zu können, statt alles immer zu hinterfragen und sich auf die Suche nach logischen Erklärungen zu machen. Aber niemand kann das Rad seiner Erfahrungen zurückdrehen: Ein Wesen aus Fleisch hatte diese Zettel geschrieben – und vermutlich eines, das ich kannte. Aber wer? Doch solange ich auch darüber nachdachte – ich kam mit dem Rätselraten nicht weiter.

Abends trat ich hinaus in die laue Luft. Durch die kleine Allee aus Linden und Robinien vor unserem Haus fiel das Licht der weit nordwestlich stehenden Sonne wie durch einen goldenen Kamm. Kein Abend, dachte ich, um früh ins Bett zu gehen. Was gab es Schöneres als eine langsame milde Dämmerung mit all ihren Geheimnissen?

Ich ging ums Haus herum in den Garten und setzte mich mit einem Glas Wein neben meine Frau, die ein Buch las. Und ich sah Stella dabei zu, wie sie im Garten kleine Zettelchen versteckte, um den Trollen, Elfen und Wichteln in ihrer reizenden ABC-Schützen-Orthographie irgendetwas mitzuteilen, das ihrer Kinderseele wichtig war. Vielleicht etwas wie: »Libe ÄlFe bite saG Mier woo ich meiNen schdärn SuChn soL«.

Sommer

Weißt du, wie viel Sternlein stehen
an dem blauen Himmelszelt?
Weißt du, wie viel Wolken gehen
weithin über alle Welt?
Gott, der Herr, hat sie gezählet,
dass ihm auch nicht eines fehlet
an der ganzen großen Zahl.

Die Schulferien haben begonnen, und gleich in der ersten Woche ist der Mond so freundlich, sich in den Abendstunden des Mittwochs zu verfinstern. Das passt sehr gut, denn in den Ferien kann Stella länger aufbleiben, ohne dass es am nächsten Morgen Probleme mit dem Aufstehen gibt. Erfreut begann ich damit, für uns einen geeigneten Beobachtungsplatz zu suchen, was aber nicht so leicht war.

Aus demselben Grund nämlich, aus dem die Mittagssonne im Sommer sehr hoch am Himmel steht, steigt der nächtliche Vollmond in diesen Monaten nur knapp über den Horizont. Durch die Neigung der Erdachse liegen Sonne und Vollmond einander sozusagen wie auf einer Himmelswippe gegenüber: Ist die eine Seite oben, bleibt die andere unten und umgekehrt.

Deswegen braucht man einen erhöhten Standpunkt oder freie Sicht im Gelände, um im Sommer eine Mondfinsternis gut beobachten zu können. Nach einigem Überlegen kam ich zu dem Schluss, dass das geteerte Flachdach unseres Hauses der ideale Ort dafür sein würde. Ich stellte zwei Stühle neben den Schornstein, und als Stella nach Tausenden von Ermahnungen, sich auf keinen Fall von diesen Stühlen zu entfernen, hinauf durfte, war sie so aufgeregt, wie ich es gehofft hatte. Sie setzte sich hin und betrachtete mit erwartungsvoll geweiteten Augen die schöne blaue Abenddämmerung, in der über Birken- und Ahornkronen der Mond soeben groß und honigfarben aufging.

Doch so beeindruckend der Anblick auch war, ich musste wieder einmal feststellen, dass die Geschwindigkeiten im Universum nicht unbedingt kindgerecht sind. Nachdem wir auf unseren Stühlen sitzend eine Viertelstunde in der lauen Dämmerung zugebracht hatten, wurde Stella unruhig. Der Mond begann zwar termingerecht damit, sich zu verdunkeln, aber in Wahrheit war er immer noch recht hell.

»Wieso wird der Mond eigentlich dunkel?«, fragte Stella und kniff dabei die Augen zusammen, als wollte sie seiner Verfinsterung ein wenig nachhelfen.

»Weil er durch den Schatten der Erde fliegt.«

»Aber wie geht denn das? Schatten sind doch immer *auf* der Erde. Und der Mond ist *über* der Erde.«

»Die Erde wirft einen Schatten in den Weltraum«, sagte ich.

»Das ist aber komisch. Der Weltraum ist doch ganz dunkel«, sagte sie, gähnte und kletterte auf meinen Schoß.

Während sie sich in meine Arme kuschelte, erklärte ich ihr, dass der Schatten, den die Erde im Sonnenlicht wirft, sich normalerweise unbemerkt in der Dunkelheit des Universums verliert. Schatten werden erst sichtbar, wenn sie auf eine Fläche fallen, und die einzige Fläche in unserer Nähe, auf die der Schattenkegel der Erde gelegentlich fällt, ist der Mond. Wir sehen ihn dort wie unseren eigenen Schatten an einer Hauswand, wenn wir der Sonne den Rücken zuwenden.

Auf seinem Weg um die Erde wandert der Mond nicht jedes Mal auch durch ihren Schattenkegel. Die Himmelswippe, auf der er liegt, hat sozusagen nicht immer die richtige Höhe. Manchmal taucht er unter dem Erdschatten durch, manchmal ist seine Bahn zu hoch. Nur wenn die Höhe stimmt, wird er dunkel – im Schnitt etwa zweimal pro Jahr.

Der Mond braucht gut zwei Stunden, um in den Erdschatten hineinzuwandern. Dabei wird er rötlich braun, weil die Luft eine Art Heiligenschein um die Erdkugel legt und dadurch etwas Licht in den Schatten hineinstreut. Eine totale Mondfinsternis kann bis zu einer halben Stunde dauern, dann verlässt der Mond allmählich den Erdschatten und erreicht nach rund sechs Stunden wieder seine ursprüngliche Leuchtkraft.

Stella war schon lange vor der größten Monddunkelheit in meinen Armen eingeschlafen und atmete sanft und gleichmäßig. In diesem Moment wurde mir klar, dass ich mir keine Gedanken darüber gemacht hatte, wie ich sie vom Dach wieder herunterbekommen sollte. Dass sie bei einer Mondfinsternis einschlafen könnte, damit hatte ich nicht gerechnet. Und da ich für das Problem keine Lösung hatte, blieb ich ganz einfach auf dem Dach unseres Hauses sitzen, das noch die angenehme Wärme des Tages abstrahlte, und sah dabei zu, wie das Honiggelb des Mondes allmählich zum dunklen Orange von Datteln wurde.

✲

Als ich selbst in dem Alter war, in dem Stella jetzt ist, stand die Mondlandung unmittelbar bevor. Am 16. Juli 1969 brachte eine Saturn-V-Trägerrakete das Raumschiff Apollo 11 in eine Erdumlaufbahn. Von dort aus flog es mit einer Besatzung von drei Mann an Bord weiter zum Mond. Mit einer separaten Landefähre stiegen die Astronauten Neil Armstrong und Edwin Aldrin zur Mondoberfläche hinab, und am 20. Juli um 3.56 Uhr mitteleuropäischer Zeit betrat Neil Armstrong den Boden einer Region, die Mare Tranquillitatis heißt, Meer der Ruhe.

Seitdem ist viel darüber diskutiert und gestritten worden, ob die Reise zum Mond einen wissenschaftlichen Wert gehabt hat, der den großen Aufwand im Nachhinein rechtfertigt. Dass die Vereinigten Staaten bereit waren, so viel Geld dafür auszugeben, hatte nämlich nicht nur wissenschaftliche, sondern vor allem politische Gründe. Amerika und die Sowjetunion leisteten sich in den sechziger Jahren ein ziemlich kostspieliges Wettrennen zum Mond. Der aber ist für uns

Menschen ein sehr unwirtlicher Gesteinsball ohne Atemluft und Wasser, und manche haben sich gefragt, was wir dort oben eigentlich sollten.

Doch so lebensfeindlich der Mond auch sein mag – vermutlich gäbe es uns ohne ihn überhaupt nicht. Unter physikalischen Gesichtspunkten ist die Erde nämlich ein Kreisel, und Kreisel geraten leicht ins Taumeln, wenn man sie anstößt. Rotierende Scheiben dagegen bewegen sich sehr stabil durch den Raum. Jongleure lassen Teller auf Stöckchen tanzen, wir fallen beim Fahrradfahren nicht um, weil die Räder stabil rotieren, und Diskus- oder Frisbeescheiben fliegen elegant und ruhig durch die Luft.

Deswegen ist der Mond so wichtig: Ohne ihn würde die Erde bei ihrer Rotation um ihre Achse regelmäßig ins Taumeln geraten. Mit dem Mond zusammen bildet sie als Gesamtsystem hingegen so etwas wie eine Scheibe – nicht eine aus Materie, sondern eine aus physikalischen Kräften. Zusammen fliegen Erde und Mond seit Milliarden von Jahren so stabil und störungsfrei um die Sonne wie eine perfekt geworfene Frisbeescheibe.

Diese Stabilität war für die Entstehung von Leben von großer Bedeutung, weil sie die klimatischen Verhältnisse auf der Erde über lange Zeiträume konstant gehalten hat. Würde die Erdachse taumeln, käme es in vielen Regionen zu abrupten Wechseln zwischen arktischer Kälte, tropischer Hitze und wüstenhafter Trockenheit. Solche Wechsel hätten die Anpassungsfähigkeit von Organismen vermutlich überfordert.

Ein großes Rätsel ist auch die Entstehung unseres Mondes. Es gibt im Sonnensystem viele Monde, oder genauer gesagt Trabanten, die andere Planeten umkreisen. Jupiter und Saturn haben Monde in Hülle und Fülle, Uranus und Neptun ebenfalls, und sogar der im Vergleich zur Erde kleine Mars hat zwei Monde, Phobos und Daimos, die allerdings eher aussehen wie im Weltraum herumfliegende Kartoffeln.

So gesehen sind Monde im Sonnensystem also etwas sehr Gängiges. Doch keiner dieser Himmelskörper ist im Vergleich zu seinem Zentralplaneten so groß wie unser Mond, der es immerhin auf mehr als ein Viertel des Erddurchmessers bringt. Außerdem haben Messungen ergeben, dass Erdgestein und Mondgestein derselben Quelle entstammen. Das wüssten wir zum Beispiel nicht – oder nicht mit solcher Gewissheit –, wenn die Astronauten von Apollo 11 und die Besatzungen der nachfolgenden Mondmissionen keine Gesteinsproben von ihren Reisen mit zur Erde gebracht hätten.

Mond und Erde bestehen aus demselben Material, und deswegen vermuten Planetenforscher, dass der Mond ursprünglich ein Teil der Erde war. Offenbar hat ihn eine gewaltige Kollision mit einem anderen Himmelskörper, einem Kleinplaneten, vor rund vier Milliarden Jahren aus dem Erdmantel gerissen und in den Weltraum geschleudert.

Solche unvorstellbaren Kollisionen waren in der Frühzeit des Sonnensystems keine Seltenheit. Während die Planeten sich heute in einem sehr geordneten, achtspurigen Kreisverkehr ohne Ein- und Ausfahrt um die Sonne bewegen, glichen die Verhältnisse zur Entstehungszeit des Planetensystems eher denen beim Autoscooterfahren.

Unser Mond ist also möglicherweise das Resultat eines gigantischen kosmischen Verkehrsunfalls, den die Erde zum Glück unbeschadet überstanden hat. Nicht allerdings jener Himmelskörper, mit dem sie zusammengestoßen ist: Den gibt es seitdem nicht mehr. Doch weil wir diesem untergegangenen Kleinplaneten so viel verdanken (vielleicht sogar die Tatsache, dass es uns gibt), haben manche ihm einen Namen aus der Sagenwelt der Griechen gegeben: Theia, die Mutter der Mondgöttin Selene.

✲

Irgendwann steckte meine Frau ihren Kopf durch die Dachluke und fragte, wie lange wir noch auf dem Dach bleiben wollten. »Stella ist eingeschlafen«, sagte ich. »Wie bekommen wir sie denn jetzt ins Bett?«

Nach einigem Hin und Her, bei dem ich den Part auf der steilen Klapptreppe übernahm, gelang es uns, sie zurück ins Haus zu tragen, ohne dass sie aufwachte. Ein wenig melancholisch rechnete ich mir aus, dass sie bei der nächsten Mondfinsternis in den lauen Abendstunden eines Sommertags bereits ein Teenager ohne Interesse an Glückssternen und Mondfinsternissen sein würde.

Ich war noch nicht in der Stimmung, ins Bett zu gehen, zog mir einen Pullover über und setzte mich wieder aufs Dach. Der

Mond hatte den Kernschatten der Erde jetzt erreicht. Als noch niemand etwas vom Aufbau des Sonnensystems wusste, dachten die Menschen bei einer Mondfinsternis vermutlich, die Mondgöttin (in den meisten Kulturen war der Mond weiblich) wollte ihnen mit der Verfinsterung ihres Angesichts etwas mitteilen. Und wahrscheinlich nahm man an, sie wäre aus irgendwelchen Gründen zornig.

Irgendwann vor etwa 3500 Jahren kam aber jemand auf die Idee, dass es nicht viele Götter, sondern nur einen einzigen Gott geben könnte. Manche halten den Iraner Zarathustra für den Begründer einer ersten monotheistischen Religion, andere den altägyptischen Pharao Amenhotep IV. Der ernannte den Sonnengott Aton zum einzigen und alleinigen Gott und gab sich selbst den Namen Echnaton, was übersetzt ungefähr heißt: Der dem Aton gefällt.

Anderthalb Jahrhunderte nach Echnatons Tod führte Moses die israelitischen Sklaven aus der ägyptischen Gefangenschaft und nahm dabei möglicherweise die Idee des Monotheismus mit. Heute sind das Judentum, der Islam und das Christentum die größten monotheistischen Religionen auf der Erde.

Wissenschaftlich, insbesondere astronomisch gesehen war der Monotheismus ein bedeutender Schritt nach vorn, weil er ein hohes Maß an Ordnung in die Welt des Geistigen brachte. Es ist rationaler und zweckmäßiger, nach einer einzigen Ursache für alle Erscheinungen zu suchen, anstatt für jedes Ereignis einen passenden Gott verantwortlich zu machen, was unweigerlich zu einer unübersehbaren Fülle von Göttern beziehungsweise Ursachen führt.

In der Physik suchen wir bis heute nach einer einheitlichen Theorie, nach einem grundlegenden mathematischen Zusammenhang, der in der Lage ist, die Welt mit ihren vielfältigen Erscheinungen zu erklären. Wenn Wissenschaftler religiös sind (und viele sind es durchaus), dann sprechen sie immer über Gott, nie über Götter.

Albert Einstein hat einmal gesagt: »Raffiniert ist der Herrgott, aber boshaft ist er nicht.« Wie Zarathustra, Echnaton oder Moses sah Einstein sich beim Ringen um die Wahrheit nicht vielen, sondern nur einem großen Geheimnis gegenüber. Aufgedeckt ist es noch nicht.

✲

Ich blieb auf dem Dach sitzen, bis der Himmel im Osten begann, sich rot zu färben.

Stellas neues Lieblingslied heißt Dracula-Rock und eine Strophe darin lautet: »Da klappert ein Gebiss wie toll, Herr Dracula tanzt Rock'n'Roll, bei Nacht bei Nacht, bei Nacht bei Nacht, im schi-scha-schubidu Mondenschein.« Bekanntlich vertragen Vampire kein Sonnenlicht, und deswegen ist ihre Zeit die Nacht – das verbindet sie übrigens auf geradezu unheimliche Weise mit uns Astronomen. Wir sind nachtaktiv, und wenn der Himmel beginnt, sich rot zu färben, läuft unsere Zeit ab.

Aber warum färbt er sich rot? Man kann Sonnenlicht mit einem Strom aus farbigen Lichtkügelchen vergleichen: Die roten sind sehr klein, die grünen etwas größer und die blau-violetten am größten. Und genau das ist ihr Problem, denn Luft ist für Lichtkügelchen eine Art Gitter: Je größer sie sind, umso eher bleiben sie darin hängen oder werden abgelenkt.

Morgens, wenn die Sonne aufgeht, legt das Licht einen sehr weiten, horizontalen Weg durch die Atmosphäre zurück, und die meisten blauen Lichtkügelchen werden dabei vom Luftgitter abgefangen und fliegen zur Seite weg. Nur die roten erreichen ungehindert unser Auge, und so entsteht die zarte rosa Färbung sowohl des Morgen- als auch des Abendhimmels.

Doch je höher die Sonne steigt, desto kürzer wird der Weg des Lichts durch die Atmosphäre und der Effekt verliert sich. Es wird hell, die Sterne verblassen – Zeit für uns Berufsastronomen, ins Bett zu gehen. Wenn die ersten Sonnenstrahlen am Horizont erscheinen, ziehen wir uns zurück wie Graf Dracula. Wir meiden den Tag und warten auf die nächste Nacht. Besonders reizvoll ist das übrigens nicht, denn die Schlafräume in großen Sternwarten sind meistens karg. Aber etwas größer als Särge sind sie schon.

✯

Gelegentlich lese ich Stella vor dem Einschlafen eine Geschichte aus *1001 Nacht* vor. Wie alle Sagen und Märchen sind die meisten dieser Erzählungen allerdings ziemlich brutal und nicht gerade jugendfrei. Bereits die Rahmenhandlung ist nichts für zarte Seelen: Scheherazade erzählt dem König Schahryar ja allein deswegen Nacht für Nacht eine Geschichte, weil sie versucht, ihr Leben zu retten. Nach der Untreue seiner Frau hat Schahryar nämlich den wahnwitzigen Entschluss gefasst, alle Frauen in seinem Königreich zu töten.

Zum Glück für Scheherazade ist er als Zuhörer aber eine unkomplizierte und dankbare Natur – Stella ist kritischer. Ich hatte noch nicht drei Sätze von *Aladin und die Wunderlampe* gelesen, da meinte sie: »Wieso erzählt Scheherazade dem König ihre Geschichten eigentlich immer nachts? Schläft er denn nicht?«

Ich sah auf und sagte: »Nun, vermutlich steckt dahinter, dass der König tagsüber regieren muss und keine Zeit für Geschichten hat. Das ist bei den meisten Erwachsenen so: Tagsüber arbeiten sie, und abends lesen sie oder schauen fern oder gehen ins Kino oder Theater und lassen sich Geschichten erzählen.«

»Hm«, machte sie, als habe sie verstanden, aber ich spürte, dass ihr noch etwas anderes durch den Kopf ging. Und noch bevor ich weiterlesen konnte, sagte sie: »Papi, als wir bei dieser Mondfinsternis auf dem Dach gesessen haben, da hast du gesagt, dass die Erde einen Schatten in den Weltraum wirft und dass wir den aber nicht sehen können, weil es im Weltraum dunkel ist.«

»Ja, das stimmt«, sagte ich.

»Aber *wieso* ist es im Weltraum dunkel? Warum ist nicht immer Tag?«

Ich legte *Aladin und die Wunderlampe* zur Seite und dachte darüber nach, wie ich ihr die nächtliche Dunkelheit erklären könnte. So leicht war das nämlich nicht, denn hinter der Frage, warum der Nachthimmel dunkel ist, verbirgt sich ein großes astronomisches Rätsel. Und um es zu lösen, muss man nicht weniger kennen als die Größe des Universums und sein Alter.

Es ist nämlich so: In einem unendlich großen, mit Sternen angefüllten Universum müsste an *jedem* Punkt des Himmels ein Stern stehen. Denn würde man auf ein schwarzes Blatt Papier unendlich viele weiße Punkte machen, dann wäre das Papier irgendwann lückenlos mit Punkten überdeckt und seine Fläche wäre nicht mehr schwarz, sondern weiß. Und ebenso müsste auch ein Universum mit unendlich vielen Sternen nicht schwarz und dunkel sein, sondern taghell.

Nun ist es nachts aber nicht taghell, und das kann nur Folgendes bedeuten: Entweder das Universum hört irgendwo auf und es gibt nicht genug Sternenpunkte, um das ganze dunkle Papier des Himmels mit Helligkeit zu überdecken, oder zwischen uns und den Sternen befindet sich irgendetwas, das nicht leuchtet und in der Lage ist, das Licht der vielen Sterne zu schlucken.

Im ersten Fall wäre das Weltall nicht unendlich groß – es müsste irgendwo zu Ende sein. Aber kann das Universum einen Rand haben, eine nachtschwarze äußere Schale vielleicht, an der es nicht mehr weitergeht? Das ist eigentlich nicht vorstellbar. Beim Erreichen dieser Schale würden wir uns nämlich sofort fragen, was dahinter wäre. Irgendetwas, so würden wir uns sagen, müsste dort ja sein – und sei es auch nur leerer Raum.

Es scheint also, als wäre die zweite Lösung die bessere: Irgendetwas zwischen uns und den Sternen schluckt deren Licht. Doch wenn man genau darüber nachdenkt, ist auch diese Theorie sehr problematisch. Licht zu schlucken bedeutet nämlich, die Energie dieses Lichts einzufangen und zu speichern. Im Universum kann nichts verloren gehen, schon gar nicht Energie.

Die dunklen kosmischen Materiewolken zwischen uns und den Sternen müssten die Lichtenergie der Sterne also in sich aufnehmen und würden sich dadurch ganz allmählich aufheizen. Sie würden sozusagen von Abermilliarden winziger Heizsonnen bestrahlt und müssten als Folge davon irgendwann anfangen, schwach zu glimmen. Und schließlich, wenn genügend Zeit verstrichen wäre, müssten sie ebenso hell leuchten wie die Sterne, deren Licht sie in sich aufgenommen haben.

Wenn es dennoch kalte, nicht leuchtende Materiewolken zwischen uns und den Sternen gibt (es gibt sie tatsächlich), dann können wir daraus nur den Schluss ziehen, dass das Universum noch nicht alt genug ist, um diese allesamt zum Leuchten gebracht zu haben. Kalte Materie im Universum ist ein Beweis dafür, dass unser Kosmos nicht unendlich alt sein kann. Er muss zu irgendeinem Zeitpunkt in der Vergangenheit entstanden sein, sonst wäre es nachts nicht dunkel.

Diese Überlegungen, die alles in allem zeigen, dass die nächtliche Dunkelheit im Widerspruch zur Annahme eines unendlich alten und großen Universums steht, gingen unter dem Namen Olberssches Paradoxon in die Wissenschaftsgeschichte ein, weil der Bremer Arzt und Astronom Heinrich Olbers sie 1826 erstmals formulierte. Seine Gedanken waren für die Entwicklung der Kosmologie von großer Bedeutung und haben sich letztendlich bestätigt: Heute wissen wir, dass das Universum tatsächlich nicht unendlich alt und groß ist, sondern einen Anfang hat. Es ist vor mehr als dreizehn Milliarden Jahren aus einem riesigen Energieblitz hervorgegangen, den wir Urknall nennen.

Manchmal habe ich Angst, Stella mit meinen kosmologischen Überlegungen zu viel zuzumuten. Nachdem ich *Aladin und die Wunderlampe* zu Ende gelesen hatte, klappte ich das Buch zu und sagte: »Die Nacht hat der liebe Gott gemacht.«

»Damit wir uns Geschichten erzählen?«

»Damit wir schlafen.«

Mit diesen Worten schaltete ich das Licht aus, und es wurde dunkel im Zimmer.

✲

Nicht nur Könige müssen von morgens bis abends regieren – Naturgesetze müssen es auch. Ja, sie müssen sogar *immer* regieren, ununterbrochen, und das seit dem Urknall. Stets und überall wurde und wird das Geschehen im Kosmos durch exakt jene Naturgesetze bestimmt, wie sie auch hier und heute bei uns auf der Erde Gültigkeit haben. Das ist eine beachtliche Konstanz! Der Tropfen Wasser, der morgens auf unserem Regenschirm landet, hat exakt die gleichen Eigenschaften wie ein Wassertropfen vor Milliarden von Jahren in einem vollkommen anderen Teil des Universums.

Für uns Astronomen sind die Naturgesetze ein Glücksfall. Gäbe es sie nicht, wären wir aufgeschmissen. Wir würden von dem, was wir mit unseren Teleskopen beobachten, nicht das Geringste verstehen. Wie sollten wir uns die Bewegung der Planeten erklären oder das Entstehen eines Kometenschweifs? Wir würden immer noch in der magisch-mystischen Welt unserer Vorfahren leben, für die jedes kosmische Ereignis ein Willkürakt höherer Mächte war.

Einer der berühmtesten Sterne des Altertums war Algol, was so viel wie ›Der Dämon‹ bedeutet. Der Stern war den Menschen unheimlich, weil er in einem Rhythmus von drei Tagen heller und dunkler wurde – eine Art dämonisches Pulsieren, das sie sich nicht erklären konnten. Doch Algol ist einfach nur ein Doppelstern, bestehend aus einem hellen Hauptstern und einem etwas dunkleren Begleiter, die einander umkreisen. Und immer wenn sich der Begleitstern vor den hellen Hauptstern schiebt, scheint dieser sich zu verdunkeln. Was wir dort sehen, ist im Grunde eine Sonnenfinsternis, die seit mehr als zweitausend Jahren (und noch sehr viel länger) alle 2 Tage, 20 Stunden, 48 Minuten und 56 Sekunden mit der verlässlichen Präzision der Naturgesetze eintritt.

Immer wieder finden wir Astronomen im Universum Phänomene, die wir zunächst nicht verstehen. In den sechziger Jahren entdeckten Jocelyn Bell und Antony Hewish kosmische Radioimpulse, eine Art Piepen von so hoher Regelmäßigkeit, dass die beiden Forscher im ersten Moment glaubten, sie müssten es mit den Signalen einer außerirdischen Zivilisation zu tun haben. Es schien ihnen undenkbar, dass ein derart präzises Signal auf natürlichem Wege entstehen konnte, und deswegen tauften sie die von ihnen entdeckte Quelle LGM 1 – Little Green Man 1.

Doch schließlich stellte sich heraus, dass es keine Botschaft kleiner grüner Männchen war, der man da lauschte. Man brauchte E.T. nicht, um das Signal zu erklären, sondern Bell und Hewish hatten den ersten Neutronenstern entdeckt. Solche Sterne – hochkompakte Überreste von sehr schweren Vorgängersternen – waren in der Theorie zwar schon seit 1934 bekannt, aber niemand konnte sagen, ob sie am Himmel wirklich existierten oder nur Gedankenkonstruktionen in einer Welt mathematischer Formeln waren. Nun hatte man den Beweis dafür, dass es sie gab. Mit der Entdeckung von Bell und Hewish bestätigte sich die Macht und Vorhersagekraft der Naturgesetze aufs Neue mit beeindruckender Präzision.

✫

Ich muss eingestehen, dass mein Erziehungssystem *nicht* den Charakter eines Naturgesetzes hat. Es ist nicht präzise, und schon gar nicht gelingt es mir, meinen Prinzipien Stella gegenüber treu zu bleiben.

Kommt sie beispielsweise beim Bezahlen an einer Tankstelle mit einer Tüte Gummibärchen zur Kasse geschlendert, an der ich bereits mit gezückter Kreditkarte stehe, ist es wieder einmal so weit. Wie oft habe ich ihr schon gesagt, dass zum Volltanken nicht automatisch der Kauf einer Tüte Gummibärchen dazugehört, ebenso wenig wie der einer Schachtel Eiskonfekt, einer Wundertüte, eines Bibi-Blocksberg-Magazins, einer glitzernden Haarspange oder eines Neonflummis. Alles umsonst! Anstatt sie Stella zu verkünden, könnte ich meine Gesetze ebenso gut in den Wind sprechen.

Doch wie kann ich mich darüber beschweren – ich breche sie ja selbst immer wieder! Kaum steht Stella hinter mir und raschelt mit der Gummibärchentüte oder womit auch immer und linst – ganz blonde bettelnde Unschuld – zu mir hinauf, da geschieht es auch schon: Meine Prinzipien lösen sich in Wohlgefallen auf. Ich nicke, nehme das Tütchen entgegen und reiche es dem Kassierer, der es ungerührt in den roten Laserstreifen der Scannerpistole hält, bevor ich es Stella zurückgebe. So auch gestern – beinahe!

Auf einmal dachte ich an die Naturgesetze und daran, wie wichtig sie für uns Astronomen waren. Die Gültigkeit der Naturgesetze war das Fundament des Universums! Und ich? Ich wollte schon wieder schwach werden und den Weg des geringsten Widerstands gehen, weil ich keine Lust auf eine Diskussion mit meiner Tochter hatte. Das war nicht akzeptabel.

Ich blieb also hart, mit dem Resultat, dass ich kurz darauf ein schluchzendes Kind im Wagen hatte. Stella behauptete nämlich, ich hätte ihr eine Tüte Gummibärchen versprochen und auch eine Bibi-Blocksberg-Kassette: In den Ferien, hätte ich gesagt, würde sie eine bekommen! Das stimmte sogar, aber ich hatte damit nicht eine Kassette pro Tankfüllung gemeint.

Um nicht als herrschsüchtiger Vater mit drakonischen Verboten dazustehen, war es mir ein Anliegen, mein Verhalten zu begründen. »Man kann nicht immer etwas kaufen, wenn einem danach ist«, sagte ich, »das ist eine allgemeine Regel. In der Natur gibt es auch allgemeine Regeln, und wir können heilfroh sein, dass sich die Natur an ihre Regeln hält. Das ist ganz wichtig – ich sage dir ein Beispiel: Vor zweihundert Jahren glaubte man, es gäbe neben der Erde sechs weitere Planeten: Merkur, Venus, Mars, Jupiter, Saturn und Uranus. Den letzten, Uranus, kannten die Babylonier und die Griechen im Altertum noch nicht. Er ist mit bloßem Auge kaum zu erkennen und wurde erst 1781 mit dem Teleskop entdeckt. Weil er sehr weit von der Erde entfernt ist, bewegt er sich nur ganz langsam über das Firmament, aber als man ihn über längere Zeit beobachtete, stellte man fest, dass er sich bei seiner Bewegung offenbar *nicht* an die Regeln hielt. Seine Umlaufbahn um die Sonne war nicht so, wie sie es eigentlich hätte sein sollen. Sie war irgendwie verbeult, und man kam schließlich auch dahinter, warum das so war: Es musste einen weiteren, einen achten Planeten geben, der mit seiner Anziehungskraft für die

Störung der Uranus-Bahn verantwortlich war. Einen Planeten, der so weit von der Erde entfernt war, dass es vollkommen unmöglich gewesen wäre, ihn aufs Geratewohl am Himmel zu entdecken. Das wäre so, als wolltest du am Meer ein bestimmtes Sandkorn finden, das sich im Schneckentempo über den Strand bewegt. Da hättest du keine Chance. Mit Hilfe der Naturgesetze konnten wir Astronomen uns die Position des neuen Planeten aber ausrechnen, und genau dort, an der vorausgesagten Stelle, fand man ihn auch: den Neptun! Er ist sehr groß. Viel größer als die Erde. Er schimmert bläulich und sehr geheimnisvoll. Und er hat einen Mond, auf dem es Eisvulkane gibt. Bei einem Ausbruch schleudern sie gefrorenen Stickstoff und Methanschnee in die Atmosphäre. Die Rückseite dieses Mondes ist der kälteste Ort im Sonnensystem. Das ist alles unglaublich faszinierend, und ohne die Naturgesetze wüssten wir nicht das Geringste davon. Wir hätten den blau schimmernden Neptun niemals entdeckt!«

Aber Stella ließ sich von meiner Begeisterung nicht anstecken und sagte: »Die Neonflummis an der Kasse schimmern bestimmt viel schöner.«

Einer der Neonflummis hatte wirklich ein wenig so ausgesehen wie der Neptun. Im Gegensatz zu Planeten hüpfen Flummis aber ganz unberechenbar durch den Raum, und es gibt kein Gesetz, aus dem hervorgeht, wo man sie als Nächstes findet. Bis auf eines offenbar: an der Kasse von Tankstellen.

✫

Im Gegensatz zu Naturgesetzen sind unsere Empfindungen sehr wandelbar. Als wir zu Hause ankamen, begriff ich nicht mehr so recht, wofür ich an der Tankstelle eigentlich gekämpft hatte. Auch Stella sehnte sich nach Harmonie, und so verabredeten wir für den Abend einen neuen Anlauf zur Suche nach ihrem Stern.

Abends ging sie nach oben, um ihr Fernglas zu holen. Kurz darauf kam sie sehr aufgeregt herunter. Sie hatte wieder einen Zettel in ihrem Zimmer gefunden, und erneut stand nur eine Zeile darauf, die diesmal lautete: »Mittags ist er dir nicht fern.« Zusammen mit der ersten Zeile hieß es nun also: »Morgens geht er auf, dein Stern / Mittags ist er dir nicht fern.« Was hatte das zu bedeuten?

»Mittags gibt es doch gar keine Sterne«, sagte Stella.

»Doch«, sagte ich. »Wir können sie nur nicht sehen.«

»Ach ja«, erinnerte sie sich. »Wie den Merkur.«

»Genau. Die Sterne sind immer da, ganz gleich, ob morgens, mittags, abends oder in der Nacht. Sie hören ja nicht auf zu leuchten, nur weil die Sonne über den Horizont steigt. Ihre Helligkeit wird vom Sonnenlicht lediglich überstrahlt, und deswegen können wir sie am Tag nicht mehr erkennen.«

»Und welcher Stern geht morgens auf und ist mir mittags nicht fern?«

Das war eine gute Frage. Wenn man nachts über längere Zeit den Himmel beobachtet, dann bewegen sich alle Sterne in einem großen Kreis um einen festen Punkt herum. Der Grund dafür ist natürlich, dass die Erde sich in vierundzwanzig Stunden einmal um ihre Achse dreht. Sie ist ein Karussell, auf dem wir mitfahren, und der Punkt am Himmel, um den sich alle Sterne drehen, ist die Verlängerung der Drehachse des Erdkarussells. Dort steht bei uns, auf der Nordhalbkugel der Erde, der Nord- oder Polarstern. Die Menschen benutzen ihn seit Jahrtausenden zur Orientierung, weil er das ganze Jahr über an derselben Stelle des Himmels zu finden ist und mit großer Genauigkeit nach Norden weist.

Alle anderen Sterne dagegen wandern und sind dem Erdboden mal näher, mal ferner. Insofern beschrieb der Vers, den Stella gefunden hatte, so dachte ich jetzt, ja vielleicht den Nordstern. »Morgens geht er auf, dein Stern / Mittags ist er dir nicht fern.« Und so war es ja: Ganz gleich ob morgens, mittags oder abends – der Nordstern steht immer an derselben Himmelsstelle und ist uns deshalb den ganzen Tag über gleich nah.

»So wie es aussieht«, sagte ich zu Stella, »ist da jemand der Meinung, dass der Polarstern *dein* Stern ist.«

»Ist er denn schön?«, fragte sie mich neugierig.

»Sehr. Er ist zweitausend Mal so hell wie die Sonne! Das wäre doch etwas. Er steht genau über dem Nordpol und ist deswegen das ganze Jahr über zu sehen. Im Sommer, im Winter – immer. Außerdem ist er der hellste Stern im Sternbild ›Kleiner Bär‹. Und das würde doch gar nicht so schlecht passen.«

Wir gingen in den Garten, und dort versuchte ich, Stella den Polarstern zu zeigen. Dabei fiel mir auf, dass sie immer noch gelegentlich rechts und links verwechselte. Sie starrte mit dem Fernglas in die Richtung meines ausgestreckten

Arms, und als ich sie aufforderte, etwas weiter nach rechts zu zielen, bewegte sie das Fernglas nach links.

Eigenartig, dachte ich. Im Gegensatz zu rechts und links muss man Kindern niemals beibringen, wo oben ist und wo unten. Dabei ist der Unterschied zwischen oben und unten und rechts und links nicht mehr als eine Drehung um neunzig Grad. Man braucht ein Bild nur auf die Seite zu kippen, und schon wird aus rechts und links oben und unten.

Aber ganz so einfach ist es eben nicht. Die unbelebte Natur unterscheidet nicht zwischen rechts und links. Ob wir einen Berg oder ein Meer direkt betrachten oder als Reflektion in einem perfekten Spiegel, können wir nicht feststellen. Steht dagegen ein Bild auf dem Kopf, erkennen wir das sofort. Oben und unten lassen sich nicht vertauschen, und der Grund dafür ist die Schwerkraft, die unten definiert: Unten ist dort, wo alles hinfällt.

Im Altertum hatte man Angst davor, auf den Atlantik hinauszusegeln. Man befürchtete, man könnte das Ende der Erdscheibe erreichen und von dieser hinunterfallen. Das war nicht wirklich logisch, denn warum fiel dann nicht die gesamte Erdscheibe irgendwohin hinunter? Und auch die Sterne hätten ja beständig in irgendein abgrundtiefes Unten fallen müssen. Das ganze Universum müsste sich sozusagen im freien Fall befinden – es sei denn, es läge auf den Schultern eines Riesen. Doch auch dieser Riese müsste ja auf irgendeinem Grund stehen, womit man das Problem sozusagen nur vom Erdgeschoss in den Keller verlagert hätte.

Die Menschen haben lange gebraucht, um die wichtigste Eigenschaft des Fallens zu durchschauen: dass nämlich alles, was fällt, *gleich schnell* zu Boden fällt. Auf der Erde werden leichte Gegenstände wie Federn oder Blätter durch den Luftwiderstand gebremst, und deswegen scheint es so, als hänge die Fallgeschwindigkeit eines Gegenstands von seinem Gewicht ab. Nicht so auf dem Mond, auf dem es keine Atmosphäre gibt. Der amerikanische Apollo-15-Astronaut David Scott ließ dort 1971 einen Hammer und eine Falkenfeder gleichzeitig fallen. Beide Gegenstände kamen wie erwartet im selben Moment auf dem Boden an, und Scott sagte: »Na so etwas! Galilei hatte mit seinen Annahmen also recht!« Das war mit rund einer Milliarde Zuschauern die wohl größte Physikstunde aller Zeiten.

✲

Als sie im Bett lag, sagte Stella zu mir: »Papi, warum bist du eigentlich Astronom geworden?«

»Hm«, überlegte ich, »das ist eine schwere Frage. Ich glaube, ich wollte herausfinden, warum die Dinge so sind, wie sie sind. Warum geht jeden Morgen die Sonne auf? Warum ist es im Winter kalt und im Sommer warm? Warum stehen Sterne am Himmel? Und vielleicht wollte ich sogar noch mehr wissen. Warum sind wir überhaupt hier? Warum gibt es uns Menschen? Und warum denken wir über all diese Dinge nach?«

»Das lernt man in der Astronomie?«

»Na ja, nicht alles. Manche Fragen, vor allem die nach uns Menschen, gehören eher in den Bereich eines Fachs, das Philosophie heißt. Philosophie und Astronomie sind sehr alte Wissenschaften. Die Menschen wollten schon immer wissen, warum sie auf der Erde sind und warum es den Himmel gibt, die Sterne, die Planeten. Ein berühmter deutscher Philosoph, er hieß Immanuel Kant und lebte vor 250 Jahren, hat einmal gesagt, dass es zwei Dinge gibt, die ihn besonders tief beeindrucken und mit großer Bewunderung erfüllen: der bestirnte Himmel über ihm und das moralische Gesetz in ihm.«

»Was ist ein moralisches Gesetz?«

»Also, ich glaube, was Kant meinte, war Folgendes. Er ist beim Nachdenken über die Welt auf einen bemerkenswerten Punkt gestoßen. Ihm wurde klar, dass wir beim Nachdenken über die Welt nicht übersehen dürfen, dass *wir* es sind, die über die Welt nachdenken. Man könnte meinen, das ist selbstverständlich und nicht so wichtig, aber das stimmt nicht. Jedenfalls war Kant der Meinung, dass wir zuerst etwas über *uns* in Erfahrung bringen müssen, bevor wir etwas über das Universum in Erfahrung bringen können. Und das ist gar nicht so leicht. Wir haben zwar ein sicheres Empfinden dafür, dass es uns gibt, dass wir da sind. Wir können denken, und wir können dem Fluss der Gedanken in uns gewissermaßen zuhören. Aber wir können uns nicht wie irgendeinen Gegenstand – einen Teller oder ein Buch – *betrachten.* Das, was wir von uns im Spiegel zu sehen bekommen, ist etwas Äußeres, unser Erscheinungsbild, aber irgendwie nicht das, was wir meinen, wenn wir Ich sagen. Dieses Ich ist ja in uns und unsichtbar und entscheidet darüber, was wir tun und was wir nicht tun. Kant glaubte, dass es in uns eine Art innere Stimme gibt, die uns jeweils sagt, was wir tun sollen, und diese Stimme nannte er das moralische Gesetz. Man könnte dieses Gesetz vereinfacht so formulieren: Tue in einer bestimmten Situation immer das, was möglichst alle in dieser Situation tun sollten!«

»Ich soll das tun, was alle tun?«, fragte Stella.

»Nein, das gerade nicht. Sondern das, was gut wäre, wenn es alle tun würden. Meistens tun die Menschen das aber nicht.«

»Hm. Und was hat das mit den Sternen zu tun?«

»Das ist wirklich schwer zu erklären. Vielleicht ist es auch gar nicht zu erklären. Unser Ich ist unsichtbar in uns, und der Sternenhimmel ist so unübersehbar und riesengroß über uns. Das eine scheint mit dem anderen wirklich nichts zu tun zu haben. Aber Kant hat trotzdem eine tiefe innere Verbindung zwischen dem Ich und dem Sternenhimmel gespürt. Wenn man hochschaut, hat man das Gefühl, im Zentrum eines riesigen Kosmos zu stehen, und du kannst dich fragen: Wozu ist das alles da? Etwa um mich hervorzubringen? Oder ist das alles nur Zufall? Und die wichtigste oder rätselhafteste aller Fragen ist vielleicht, ob es den Kosmos überhaupt gäbe, wenn wir *nicht* da wären? Denn eigentlich gibt es das ganze Universum, so riesengroß es auch ist, ja nur in unserem Kopf. Was immer wir sehen, hören oder riechen: Die Bilder, Töne und

Geruchsempfindungen entstehen eigentlich erst in unserem Kopf – ganz zu schweigen von Gefühlen und Gedanken. Irgendwie ist alles, was es gibt, in uns miteinander verbunden und verflochten, und das macht es so schwer, die Dinge voneinander zu trennen und irgendetwas zu verstehen. Deswegen beschränken wir Astronomen uns darauf, die Sterne und das Universum verstehen zu wollen. Das ist vielleicht ganz gut. Das Universum ist zwar riesengroß, aber im Vergleich zu unserem Ich ist es beinahe überschaubar.«

»Weißt du, Papi«, sagte Stella nach einer Weile, »ich glaube, diese Philosophen sind ein bisschen ballaballa.«

»Hmm, ich weiß nicht.«

»Ganz sicher. Wenn es die Welt nicht gäbe, dann gäbe es ja auch uns nicht, die so was sagen könnten. Und wenn es uns nicht gäbe, die so was sagen würden, dann gäbe es die Welt ja wieder. Siehst du, ich habe recht. Die sind ballaballa.«

✡

Stella hat Berit erzählt, was es mit dem Nordstern auf sich hat. Sie wollte ein wenig mit ihrem Wissen glänzen, doch anstatt beeindruckt zu sein, kramte Berit noch einmal den Zettel heraus, den sie vor ein paar Wochen in ihrem Zimmer gefunden hatte und auf dem ja stand: »Im Süden brauchst du nicht zu suchen.« Deswegen erschien es ihr nun ganz logisch, dass der *Nord*stern *ihr* Stern war. Darüber ärgerte sich Stella.

»Ich habe ihr das Nordstern-Geheimnis verraten«, beschwerte sie sich bei mir, »und jetzt sagt Berit einfach, dass der Nordstern *ihr* Stern wäre. Das finde ich unfair.«

»Du wolltest ihn doch nicht«, sagte ich.

»Ja, aber ich habe nicht gesagt, dass Berit ihn bekommen soll. Jetzt hat sie einen Stern und ich nicht! Ich will sie nie wieder sehen. Sie ist gemein.«

Die Situation entspannte sich aber wieder, als auch Berit eine zweite Verszeile in ihrem Zimmer fand, die lautete: »Ost, West, Norden – Pustekuchen.«

Zusammen mit der ersten Zeile ergab sich daraus nun folgender Vers: »Im Süden brauchst du nicht zu suchen / Ost, West, Norden – Pustekuchen.«

Offensichtlich konnte es sich beim Nordstern also doch nicht um *ihren* Stern handeln. Und sie war so fair, Stella anzurufen und ihr das mitzuteilen. Die beiden trafen sich, und schon nach wenigen Minuten waren sie wieder ein Herz und eine Seele.

So weit, so gut. Berits Vers warf aber in astronomischer Hinsicht ein ernsthaftes Problem auf. Wenn ihr Stern nämlich nicht im Norden oder Süden oder Osten oder Westen stand, dann ließ das eigentlich nur den Schluss zu, dass er nirgendwo stand, oder anders ausgedrückt, dass es ihn überhaupt nicht gab.

Dieser Sven!, dachte ich, denn ich war inzwischen davon überzeugt, dass die Zettel mit den Versen von Berits Bruder Sven stammten. Wahrscheinlich machte es dem Jungen einen

Heidenspaß, Stella und seiner kleinen Schwester einen Streich zu spielen. Und nun war es an mir, die Sache wieder auszubügeln.

»Gibt es denn nicht noch andere Himmelsrichtungen?«, fragte mich Berit. Obwohl sie nicht sehr hartnäckig nach ihrem Stern gesucht hatte, wurmte es sie, dass es ihn nun überhaupt nicht geben sollte. »Es gibt doch nicht nur Osten, sondern auch Nordosten und Südosten.«

Das war gar keine so schlechte Idee. Es ist zwar sehr zweckmäßig, auf der Erde vier Himmelsrichtungen festzulegen, aber ein System aus drei oder sieben oder zehn Richtungen würde auch funktionieren – wir müssten uns nur daran gewöhnen. Zu viele sind es in jedem Fall. Um sich auf der Erde zu orientieren, bräuchte man eigentlich nur zwei.

Auf einem Kreis ist es nämlich egal, ob man rechts herum oder links herum geht. Man kann sagen, ein bestimmter Punkt liegt zehn Grad im Osten – ebenso gut kann man aber auch sagen, dass er 350 Grad im Westen liegt. Und das heißt: Genau genommen braucht man Westen gar nicht, wenn man weiß, wo es nach Osten geht. Und für Norden und Süden gilt das gleiche: Auf eine von beiden Richtungen könnten wir eigentlich verzichten.

Aber zugegeben: Um sich auf der Erde zu orientieren, ist das nicht sehr praktikabel. Deswegen findet man in den meisten Kulturen dasselbe System aus vier Grundhimmelsrichtungen, wie es sich auch im Abendland durchgesetzt hat und das ja letztlich eine Abbildung der Tatsache ist, dass die Erde sich dreht und dadurch eine Nord-Süd- bzw. Ost-West-Richtung festlegt.

Darüber hinaus stellte man irgendwann fest, dass sich kleine Magnetnadeln, die sich frei drehen konnten, nach Norden ausrichteten. Wann es zu dieser Entdeckung gekommen ist, wissen wir nicht – erstmals erwähnt wird sie in einem chinesischen Buch aus dem 2. Jahrhundert n. Chr.

Aber die Chinesen waren keine besonders ehrgeizigen und entdeckungsfreudigen Seefahrer. Sie benutzten die magnetischen Eigenschaften von Eisennadeln nie zur Navigation, sondern verwendeten stattdessen ein System aus zwölf Himmelsrichtungen, das ihren mystischen Vorstellungen vom Leben und von der Natur entsprach.

»Die Chinesen«, sagte ich daher zu Berit und gab ihr den rätselhaften Zettel zurück, »hatten zwölf Himmelsrichtungen. Sie haben sie nach Tieren benannt. Es gab zum Beispiel die Richtung der Maus oder die Richtung des Hasen, des Affen oder der Ziege.«

Dieses System gefiel den beiden Mädchen sehr. Und da ihr Stern also nicht im Norden, Osten, Süden oder Westen stehen sollte, entschied Berit, nachdem sie kurz darüber nachgedacht hatte, dass er in der Richtung des Hasen stehen sollte.

✲

Um zu verhindern, dass Stella noch einmal eine Enttäuschung erlebt und einen Planeten für einen Stern hält, habe ich ihr gestern den Saturn gezeigt. Er ging über der Straßenlinde im Nordosten auf und leuchtete silbern. Leider ist das auffälligste Merkmal des Saturns – die Planetenringe, die ihn umgeben wie eine breite Hutkrempe – mit einem Fernglas allerhöchstens zu erahnen. Sie bestehen hauptsächlich aus Eispartikeln und reflektieren so viel Licht, dass der Saturn bei günstigem Stand heller scheinen kann als der Jupiter, obwohl er etwa doppelt so weit von der Sonne entfernt ist. Etwa alle fünfzehn Jahre werden die Ringe von der Erde aus gesehen allerdings nahezu unsichtbar, weil wir dann genau auf ihre schmale Kante blicken. Und in diesem Jahr ist es eher so.

Wie der Jupiter, so ist auch der Saturn ein Gasplanet ohne feste Oberfläche. Die erste Sonde, die ihm einen Besuch von der Erde abstattete, war Pioneer 11 im Jahr 1979. Sie entdeckte ein paar Details in den Ringen und einen neuen Mond. Saturn- und Jupitermonde zu entdecken ist astronomische Routine – sie alle zu benennen dagegen eine Herausforderung. Insgesamt sind inzwischen 60 natürliche Saturn-Satelliten bekannt, und sie heißen unter anderem Telesto, Calypso, Atlas, Prometheus, Pandora, Pan, Ymir, Paaliaq, Tarvos, Ijiraq, Suttungr, Kiviuq, Mundilfari oder Albiorix – eine unvollständige Liste, die zeigt, dass die Benennung von Himmelskörpern nach Figuren aus der Mythologie den Rahmen der griechisch-römischen Sagenwelt schon lange sprengt.

Nach dem Jupitermond Ganymed ist der Saturnmond Titan der zweitgrößte Trabant eines Planeten. Er wurde 1655 von dem Niederländer Christian Huygens entdeckt und ist eines der interessantesten Objekte im Sonnensystem. Obgleich ein Mond, ist er größer als der Planet Merkur und besitzt als einziger Himmelskörper dieser Größe eine dichte Atmosphäre. Sie enthält allerdings keinen Sauerstoff, sondern setzt sich hauptsächlich aus Stickstoff und Methan zusammen.

Und das heißt, es gibt so etwas wie Wetter auf Titan – kein sehr freundliches allerdings, denn mit rund minus 170 Grad ist es dort das ganze Jahr über eisig kalt. Im Januar 2005 landete eine Raumsonde nach siebenjähriger Reise weich auf seiner Oberfläche und funkte bei ihrem Flug durch die Titan-Atmosphäre faszinierende Bilder zurück, auf denen Berge, Seen und Flusssysteme zu erkennen sind – keine aber aus Fels und Wasser, sondern aus Eis und Kohlenstoffverbindungen.

Trotz dieser für uns Menschen insgesamt sehr unwirtlichen Verhältnisse halten manche Forscher es für möglich, dass es auf dem Titan Vor- oder Frühformen von biologischem Leben geben könnte, denn in seiner Atmosphäre finden sich große Mengen von organischen Substanzen. Um diese Frage genauer beantworten zu können, müssten wir dem fernen Mond allerdings noch einmal einen längeren Besuch abstatten.

Stella richtete das Fernglas auf den Saturn. Wegen der Stellung der Ringe leuchtete er in diesem Jahr im Vergleich zur Venus oder zum Jupiter eher schwach, und sie war von dem Anblick wenig beeindruckt. Ich glaube aber, dass sie in jedem Fall so getan hätte, als ob der Saturn sie nicht besonders beeindrucken würde. Nachdem sie drei Mal Planeten für Sterne gehalten hatte, wollte sie nun Souveränität demonstrieren. Sie gab mir das Fernglas zurück und sagte: »Ich glaube, den Saturn müsste man mal ein bisschen putzen, damit er richtig blitzt.«

☆

Nun kannte Stella also alle Planeten des Sonnensystems. Venus, Mars, Jupiter und Saturn hatte sie gesehen, Merkur war ihr entwischt und von Uranus und Neptun hatte ich ihr erzählt. Planeten – das wusste sie jetzt – sind Himmelskörper, die in einem bestimmten Abstand um die Sonne kreisen. So hat es Kopernikus erstmals erkannt, und so habe ich es ihr beigebracht. Man sollte also annehmen, dass die Formulierung: ›Ein Himmelskörper, der um die Sonne kreist‹, die zutreffende, die sozusagen quiztaugliche Definition für ›Planet‹ ist.

Doch so ist es nicht. Das Problem, vor dem wir Astronomen stehen, ist, dass es Millionen, ja Milliarden und Abermilliarden von Himmelskörpern jeglicher Größe gibt, die sich um die Sonne bewegen und die *keine* Planeten sind. So gibt es zum Beispiel zwischen Mars und Jupiter eine Zone aus Gesteinsbrocken, Asteroiden genannt, die bei der Planetenentstehung vor etwa viereinhalb Milliarden Jahren übrig geblieben sind. Viele davon sind im Laufe der Zeit auf andere Himmelskörper wie den Mond oder die Erde gestürzt und haben dort gewaltige Einschlagkrater hinterlassen.

Jenseits des Neptun wiederum, des achten Planeten, gibt es eine Zone von Objekten, über deren Natur wir Astronomen lange gestritten haben. Durch verfeinerte Messmethoden haben wir dort inzwischen Tausende von Himmelskörpern entdeckt, die sich in weiten Bahnen um die Sonne bewegen. Und mindestens einer von ihnen ist sogar größer als Pluto, der ebenfalls dort draußen seine Runden zieht und der sechzig Jahre lang in allen Lehrbüchern als neunter Planet geführt worden ist.

Noch tiefer im All schließlich, in der äußersten Randzone des Sonnensystems, umgibt uns eine Schale aus Eis- und Gesteinsbrocken, die sogenannte Oortsche Wolke, aus der sich hin und wieder einzelne Objekte lösen, um in der Nähe der Sonne schließlich als Kometen sichtbar zu werden.

Was also ist ein Planet? Die sehr technisch klingende Definition, auf die sich die Internationale Astronomische Union, kurz IAU, schließlich geeinigt hat, ist folgende: Ein Planet ist ein Objekt, das sich auf einer Bahn um einen Stern befindet, kugelförmig ist, die Umgebung seiner Bahn von anderen Objekten bereinigt hat und selbst kein Stern ist. Und weil Pluto diese Definition nicht erfüllt, hat ihn die IAU im August 2006 von der Liste der Planeten gestrichen.

Wir müssen also umlernen. Um sich die Reihenfolge der Planeten, wie sie einst galt – Merkur, Venus, Erde, Mars, Jupiter, Saturn, Uranus, Neptun und Pluto –, besser einprägen zu können, gab es einen Merksatz aus den Anfangsbuchstaben der Planetennamen: **M**ein **V**ater **e**rklärt **m**ir **j**eden **S**onntag **u**nsere **n**eun **P**laneten. Es reicht aber eine kleine Änderung, um diesen Satz den neuen Gegebenheiten anzupassen, und so liest man jetzt häufig folgende Version: **M**ein **V**ater **e**rklärt **mi**r **j**eden **S**onntag **u**nseren **N**achthimmel.

Warum aber ist Pluto kein Planet mehr? Er umkreist die Sonne, ist kugelförmig und kein Stern, der aus sich selbst heraus leuchtet. Aber er hat – wie die Planetendefinition der Internationalen Astronomischen Union es nun einmal fordert – seine Bahn nicht ›bereinigt‹. Dort, wo er um die Sonne kreist, tummeln sich noch Tausende von anderen Himmelskörpern.

Überhaupt hat Pluto eine eigenartige Geschichte. Er wurde 1930 aufgrund falscher Berechnungen entdeckt und bewegt sich auf einer für einen Planeten sehr untypischen Bahn um die Sonne. Auch die Vermutung, es müsse sich bei ihm um einen sehr großen Planeten handeln, bestätigte sich in den folgenden Jahrzehnten nicht. Je präziser die Beobachtungen wurden, desto kleiner wurde er, und spaßeshalber rechneten zwei Planetologen daraufhin aus, wann er wieder vom Firmament verschwinden würde (was nun ja auch irgendwie geschehen ist).

Den Gepflogenheiten der damaligen Astronomie folgend wurde Pluto nach einem Gott aus der griechischen Mythologie benannt. Aber das war 1930. Inzwischen kennt man Tausende von Objekten mit mehr als 100 Kilometern Durchmesser in den Randzonen des Sonnensystems. Sind sie kugelförmig wie Pluto, bezeichnet man sie als Zwergplaneten, und einer von ihnen, Eris, ist sogar größer als Pluto. Andere heißen Sedna, Orcus oder Quaoar, nach einem Gott aus dem Schöpfungsmythos der nordamerikanischen Tongva-Indianer, oder Varuna, nach einer indischen Gottheit. Wollten wir alle nach Göttern benennen, reichten sämtliche Menschheitsmythen dazu nicht aus. Und so haben sie bis auf wenige nur abstrakte astronomische Katalognummern als Namen.

Es war also logisch und konsequent, Pluto nicht mehr als Planeten zu betrachten, sondern der neu geschaffenen Klasse von Zwergplaneten zuzuordnen. Genau genommen wertet ihn die Neudefinition sogar auf, denn von einer Marginalie des Sonnensystems ist er über Nacht zum Namensgeber aller Zwergplaneten in seiner Nähe geworden. Diese heißen jetzt Plutinos.

✵

Stella und ich, wir haben ein gemeinsames Lieblingsbuch, Michael Endes *Jim Knopf und Lukas der Lokomotivführer*. Darin müssen Jim und Lukas auf der Suche nach der Prinzessin Lisi eine große Wüste durchqueren und begegnen dabei einem furchterregenden Riesen. Während Jim flüchten möchte, behält Lukas die Nerven und findet, dass man sich von der ungewöhnlichen Größe des eigentlich doch sehr freundlich lächelnden Mannes ja nicht abschrecken lassen müsse. Er winkt ihn heran, und da geschieht das Unglaubliche: Je näher der Riese kommt, desto kleiner wird er, und als er Jim und Lukas erreicht, ist er kein bisschen größer als andere Menschen auch. Es handelt sich um Herrn Turtur, den Scheinriesen.

Normalerweise, so erklärt Herr Turtur den staunenden Freunden Lukas und Jim, würden Menschen beim Fortgehen immer kleiner, beim Näherkommen aber größer. Bei ihm, dem Scheinriesen, sei das umgekehrt: Mit wachsender Entfernung werde er immer größer – natürlich nur scheinbar. In Wirklichkeit verändere sich die Größe eines Menschen ja nicht, ganz gleich, wie weit er von uns entfernt sei. Das Ganze sei in Wahrheit immer nur eine räumliche Täuschung, ein dreidimensionaler Scheineffekt.

Und Herr Turtur hat recht: Der Raum, dieses ungreifbare Etwas vor und hinter und über und unter uns, ist wirklich ein sonderbares Phänomen. Wir Astronomen verstehen kaum etwas so wenig wie den schlichten, leeren und scheinbar doch so alltäglichen Raum, in dem wir leben. Warum, so fragen wir uns zum Beispiel, hat der Raum eigentlich *drei* Dimensionen – Höhe, Breite und Tiefe – und nicht fünf oder zehn oder nur eine?

Den drei Dimensionen unseres Raumes eine vierte hinzuzufügen ist mathematisch gesehen nämlich eine Kleinigkeit. Man definiert einen Punkt nicht durch drei, sondern durch vier Koordinaten, und schon ist man fertig. Das Problem ist lediglich, dass wir uns einen Raum mit vier Dimensionen nicht vorstellen können, uns fehlt jede Anschauung dazu. Und deswegen wäre es für uns dreidimensionale Wesen sehr verwirrend, in einem Raum mit vier Dimensionen zu leben, denn vor unseren Augen könnten Dinge geschehen, die noch sonderbarer wären als die Scheinriesenhaftigkeit von Herrn Turtur.

So wie man nämlich mit einer Nadel in ein zweidimensionales Tischtuch hineinstechen kann, könnte man aus einer vierten Dimension in unsere dreidimensionale Welt hineinstechen. Dann erschiene vor uns plötzlich ein metallischer Gegenstand, ganz so aus dem Nichts wie die Nadelspitze vor einer Ameise auf dem Tischtuch.

Und noch unheimlicher wäre es, dass man aus einer vierten Dimension in uns dreidimensionale Wesen hineinschauen könnte, so wie man von oben in einen Kreis auf einem Blatt Papier hineinschauen kann. Vom Papier aus ist das nicht möglich, aber aus der Perspektive einer höheren Dimension geht das. Man könnte aus der vierten Dimension in unsere Körper hineinschauen und in unsere Köpfe.

Doch nicht nur in unserem dreidimensionalen Raum könnten seltsame Dinge geschehen, sondern auch *mit* ihm. Beispielsweise wäre es möglich, ihn aufzurollen wie ein Blatt Papier – und gerade diese Möglichkeit ist für uns Astronomen besonders interessant. Wenn unser Universum nämlich die Form einer langen vierdimensionalen Röhre hätte, dann könnte man es vielleicht aufwickeln wie einen Gartenschlauch. Wir dreidimensionale Wesen würden das überhaupt nicht bemerken, doch weit voneinander entfernte Abschnitte unseres Universums stießen dann durch die Krümmung direkt aneinander, und ein winziger Sprung durch die vierte Dimension könnte uns gigantische dreidimensionale Distanzen zurücklegen lassen.

✫

Es gibt nicht viele astronomische Begriffe, die es zu einer gewissen Popularität gebracht haben, aber ›Raumkrümmung‹

gehört sicher dazu. Als sich 1919 Einsteins Allgemeine Relativitätstheorie bestätigte, brachte die Londoner *Times* einen zweispaltigen Artikel unter der Überschrift: »Revolution in der Wissenschaft – Neue Theorie des Universums – Newtonsche Gedanken umgestürzt.« Zum ersten Mal war öffentlich die Rede davon, dass der Raum gekrümmt sei, und die Nachricht, dass womöglich der große englische Physiker Isaac Newton entthront worden war, ließ den Artikel zum Stadtgespräch in London werden. Einstein wurde auf einen Schlag weltberühmt, und in der *New York Times* hieß es sogar: »Lichter am Himmel alle schief – Sterne nicht dort, wo sie scheinen oder berechnet waren, aber niemand muss sich fürchten!«

Das stimmte so weit: Fürchten musste sich niemand. Alles in allem spielt die Raumkrümmung auf der Erde nämlich keine Rolle. Aber für das Schicksal des Universums ist sie von großer Bedeutung. Um das zu verstehen, kann man sich den Kosmos vereinfacht als ein riesiges Gummituch vorstellen, auf dem Sterne, Planeten und Monde wie Murmeln herumliegen. Sie drücken jeweils kleine Mulden hinein, doch da sie sehr weit voneinander entfernt sind, stören sie sich gegenseitig nicht.

Gerät eine der kleineren Murmeln aber in die Nähe einer großen, dann kann es passieren, dass sie in deren Mulde hineinstrudelt und dort fortan herumsaust wie eine Roulettekugel in einer Schale – oder astronomischer gesprochen: wie ein Planet um einen Stern. Von oben sähe das so aus, als würde eine Kraft die kleine Murmel zu der großen hinziehen, und

Isaac Newton war es, der diese Kraft vor dreihundert Jahren entdeckte: die Gravitation. Dadurch war er in der Lage, das Planetensystem mathematisch zu erklären, und mehr noch: Seine Formeln beschrieben die Bewegung der Erde um die Sonne ebenso wie die eines Apfels, der zu Boden fiel. Das war ein immenser intellektueller Fortschritt. Eines konnte Newton aber nicht erklären: Wie kam die Kraft, die er entdeckt hatte, eigentlich von der einen Masse zur anderen – von der Sonne zur Erde oder von der Erde zum Apfel? Denn es gab ja keinen unsichtbaren Faden, der Erde und Sonne miteinander verband wie ein riesiges kosmisches Lasso.

Wenn man den Raum als eingedelltes Gummituch betrachtet, dann fällt dieses Kraftübertragungsproblem fort. Die kleine Murmel muss, um zu der großen zu gelangen, lediglich der lokalen Krümmung des Raumes folgen, in den sie eingebettet ist. Diese Sichtweise ändert an dem, was geschieht, nichts, hat aber große Konsequenzen für unser Verständnis von Raum und Zeit. In unserem Gummituchuniversum ist der Raum nämlich kein ewig unveränderliches Etwas mehr, keine leere Bühne für das große Ballett der Sterne und Planeten – er selbst wird vielmehr zum Teil des Geschehens: Sterne und Planeten verändern, dehnen und krümmen ihn, so wie er mit seiner Krümmung ihre Bewegungen bestimmt.

Unser Bild von der Raumkrümmung als Dehnung eines Gummituchs ist nicht perfekt. In diesem Bild folgen die Murmeln ja einem Gefälle, und ein Gefälle gibt es bei der Raumkrümmung in unserem realen Sterne-und-Planeten-Universum nicht. Und außerdem ist es nicht der Raum allein, der durch das Vorhandensein von Materie gekrümmt wird, sondern ein Weltgefüge namens Raumzeit – was die Sache nicht gerade einfacher macht. Aber die Analogie zwischen Raum und Gummituch zeigt doch, dass Krümmungen als Kräfte in Erscheinung treten können und man keine geisterhaften Fäden braucht, um die Fernwirkung der Gravitation zu verstehen.

Aber Krümmungen können noch viel mehr. Manche Objekte im Universum beispielsweise sind so massiv, dass sie nicht nur kleine Mulden in den Weltraum drücken, sondern tiefe Trichter, in die alles hineinstrudelt, was in ihre Nähe gerät. Wir nennen solche extremen Krümmungen der Raumzeit Schwarze Löcher, denn nichts von dem, was einmal in sie hineinrutscht, kann ihnen je wieder entkommen – nicht einmal Licht. Es ist, als würde unser Gummituch dort zu einem dünnen Schlauch, durch den Materie und Energie aus dem Universum herausfließen können.

Solche Schläuche in der Raumzeit faszinieren Kosmologen und Science-Fiction-Autoren gleichermaßen. Man kann mit ihnen nämlich erstaunliche Spekulationen anstellen, und sie werfen eine Reihe von interessanten Fragen auf. Kann es zum Beispiel sein, dass das Universum einen oder viele schlauchartige Ausgänge hat? Und wenn ja, wo führen sie hin? Und müsste es dann nicht auch ebensolche Eingänge geben? Und was wäre, wenn man die Enden von solchen Raumzeit-Schläuchen miteinander verbinden würde? Rein mathematisch geht das nämlich. Und wenn es auch in der Realität möglich wäre, bekäme man eine Art Tunnel im Universum: Weit voneinander entfernte Punkte im Raum würden durch kurze Röhren in der Raumzeit miteinander verbunden.

Was für eine interessante Perspektive: Im Kosmos herumzureisen gliche dann auf einmal einer Fahrt durch die Schweiz. Anstatt mühsam über die langen Passstraßen des sichtbaren Weltraums zu schleichen, gelangte man unterirdisch im Handumdrehen von der einen auf die andere Seite des Alpenuniversums. Das wäre eine wirklich elegante Lösung für unser kosmisches Reisedilemma, das uns vor den gigantischen Entfernungen im Weltraum kapitulieren lässt.

Der Haken dabei ist allerdings, dass wir nicht wissen, ob es solche Tunnel im Universum – sie werden in der Kosmologie Wurmlöcher genannt – wirklich gibt. Die Tatsache, dass sie mathematisch möglich sind, muss nämlich nicht bedeuten, dass sie in der Realität auch existieren. Um das herauszufinden, müsste man in ein Schwarzes Loch hineinfliegen, um nachzuschauen, ob es irgendwo hinführt. Sollte es einfach nur ein Loch sein, ohne Ausgang, dann hätten wir Pech gehabt, wir würden auf ewig dort festsitzen, denn man kann in einem Schwarzen Loch nicht zurücksetzen oder wenden.

✵

Von allen astronomischen Begriffen der Neuzeit dürfte der des Schwarzen Lochs die wohl steilste Karriere gemacht haben. Er ist etwa dreißig Jahre alt und stammt von dem amerikanischen Physiker John Archibald Wheeler. Rein mathematisch sind Schwarze Löcher spezielle Lösungen der Einsteinschen Feldgleichungen, die wir Astronomen schon seit über achtzig Jahren kennen. Aber erst als John Wheeler diese Lösungen als Black Holes bezeichnete, wurden sie unter Astronomen und Science-Fiction-Autoren schlagartig populär.

Offenbar regt die Vorstellung von einem Ort absoluter Dunkelheit die Fantasie der Menschen an. Nachdem Jim Knopf und Lukas der Lokomotivführer sich von dem raumverzaubernden Herrn Turtur verabschiedet haben, müssen sie durch die Region der schwarzen Felsen fahren. Die Landschaft dort ist so unvorstellbar schwarz, dass sie alles Licht und alle Wärme schluckt – und es dürfte keinen Astronomen geben, der bei der Fahrt durch die Region der schwarzen Felsen nicht an die Reise in ein Schwarzes Loch denkt.

Physikalisch ausgedrückt sind Schwarze Löcher Raumregionen mit extrem hoher Massenkonzentration. Und da alle Massen einander anziehen, so wie die Erde einen zu Boden fallenden Hammer, so ziehen auch Schwarze Löcher mit unglaublicher Kraft alles aus ihrer Umgebung an und in sich hinein: Licht, Wärme, Materie – ganz einfach alles.

Doch so faszinierend der Begriff Schwarzes Loch auch ist, er ist ein wenig irreführend. Schwarze Löcher sind nämlich keine Vertiefungen im Raum, so wie wir uns ein Grab oder einen Kanalabfluss vorstellen. Aus sicherer Entfernung betrachtet sind Schwarze Löcher extrem dunkle Kugeln. Als Überreste von

Sternen haben sie einen Durchmesser von ein paar Kilometern. Sie können aber auch sehr viel größer sein, und vielleicht – wir Astronomen wissen es noch nicht mit Sicherheit – gibt es auch kleinere, sogar mikroskopisch kleine Schwarze Löcher.

Fernhalten sollten wir uns von Schwarzen Löchern in jedem Fall, ganz gleich wie groß sie sind. Wenn man mit einem Schwarzen Loch einen Elfmeter schießen wollte, würde es nämlich liegenbleiben und der Schütze darin augenblicklich verschwinden. Und würde man auf einem Schwarzen Loch eine Kerze anzünden, würde sie nicht nach oben oder zur Seite scheinen, sondern nach unten. (Einmal abgesehen davon, dass sie selbst innerhalb von Sekundenbruchteilen im Schwarzen Loch verschwinden würde.)

Wenn Sterne ihre Energie verbraucht haben, stürzen sie in sich zusammen wie Regenschirme ohne Speichen. Je nachdem, wie schwer sie sind, können sie dabei verschiedene Endstadien erreichen. Leichtere Sterne wie die Sonne werden zu einem Weißen Zwerg. Das klingt recht niedlich, aber Weiße Zwerge sind zehntausend Kilometer große, heiße und extrem massive Kugeln. Schwerere Sterne enden als Neutronenstern. Die Materie eines solchen Sterns ist so dicht, dass eine Murmel davon auf der Erde zehn Mal so viel wiegen würde wie Helgoland.

Um zu einem Schwarzen Loch zu werden, muss ein Stern mindestens sechs Mal so schwer sein wie die Sonne. Solche Riesensterne sind im Universum durchaus nicht ungewöhnlich – sie sind sehr hell, haben aber nur eine kurze Lebensdauer. Sobald sie ihren Brennstoff verbraucht haben, stürzt ihre Materie im wahrsten Sinne des Wortes ins Bodenlose – nichts kann sie aufhalten. Der gesamte Stern verschwindet komplett in einem Schwarzen Loch.

Die dünne Grenzschicht, die den einstigen Stern danach umgibt, nennen wir Astronomen den Ereignishorizont. Er verhüllt das Schwarze Loch wie ein kosmischer Theatervorhang. Alles, was davor geschieht, können wir so gerade eben noch beobachten, was sich dahinter ereignet, bleibt für immer verborgen. Weder Licht noch sonst irgendeine Information kann aus dieser Zone zu uns gelangen.

Deswegen ist Materie, die in ein Schwarzes Loch hineinfällt, für immer verloren. Wir können niemals erfahren, was aus ihr wird, sobald sie die Grenzschicht passiert hat. Wenn ein Astronaut also in ein Schwarzes Loch hineinfliegen würde, dann hätte er vielleicht ein einmaliges Erlebnis. Doch wäre er niemals in der Lage, uns an seinen Erfahrungen teilhaben zu lassen, denn wir würden ihn niemals wiedersehen.

Das unterscheidet ihn, zum Glück für Stella und mich, von Jim Knopf und seinem Freund Lukas. Denn die konnten in der Region der schwarzen Felsen Dampf aus ihrer Lokomotive ablassen, der in der Kälte zu Schnee gefror und sich reflektierend auf die Felsen legte, sodass auf einmal wieder etwas zu sehen war. Dieser wunderbare Trick würde in einem Schwarzen Loch aber leider nicht funktionieren.

✲

Sven hat Stella und Berit den Floh ins Ohr gesetzt, sie könnten eines Tages doch zu ihrem Stern fliegen. Dass er vor kurzem noch behauptet hatte, es gebe ihn nirgendwo, hatte er offenbar schon wieder vergessen. Stattdessen erklärte er den beiden Mädchen, es werde bald fantastische Hyperraumschiffe geben, die im Weltall herumflitzen könnten wie kleine kosmische Lamborghinis, weil der Raum nämlich gekrümmt sei! Daraufhin kam Stella zu mir und wollte wissen, wie viele Tage solche Hyperraumschiffe bis zu ihrem Stern unterwegs wären und was es eigentlich bedeuten würde, dass der Raum gekrümmt ist.

»Warum hört ihr immer wieder auf diesen Sven?«, schimpfte ich. »Er versteht nichts von den Dingen und guckt zu viel Fernsehen.«

»Aber er hat gesagt, dass auch Albert Einstein gesagt hat, dass der Raum gekrümmt ist. Und er hat gesagt, dass Albert Einstein der klügste Mensch aller Zeiten gewesen ist. Und das hast du doch auch mal gesagt.«

»Nun ja, es hat eine Menge kluger Menschen gegeben. Aber einer der klügsten war er schon.«

»Na siehst du. Also hat Sven doch recht.«

»Das mit der Raumkrümmung ist aber nicht so einfach!«, sagte ich. »Und was Sven darunter versteht, ist mit Sicherheit Unfug oder jedenfalls falsch.«

Sven hatte, wie ich von Berit wusste, seine astronomische Bildung aus dem Fernsehen, aus billigen Fantasy- und Science-Fiction-Serien, in denen Raumschiffe und übernatürliche Kräfte so selbstverständlich waren wie im Mittelalter der Glaube an Hexen und Drachen.

Abends rief ich ihn an und sagte: »Ich find es ja gut, dass du dich für das interessierst, was Berit und Stella so machen. Aber du musst vorsichtig sein mit dem, was du ihnen erzählst. Stella hat dir geglaubt, dass es eines Tages ein Kinderspiel ist, zu den Sternen zu fliegen, und es hat mich einige Mühe gekostet, ihr das wieder auszureden.«

»Aber irgendwann geht es bestimmt«, verteidigte er sich. »Das dauert gar nicht mehr lange!«

»Sven«, unterbrach ich ihn. »Es geht nicht! Die Sterne sind zu weit weg.«

»Das hat man vor hundert Jahren vom Mond auch gesagt!«

»Na gut«, sagte ich, denn in diesem Punkt hatte er ja tatsächlich recht. »Was weißt du denn eigentlich über die Raumfahrt und ihre Geschichte?«

»Nicht so viel«, gab er zu.

»Soll ich dir ein paar Dinge darüber erzählen?«

»Meinetwegen.«

»Ich gebe dir recht: Die Geschichte der Raumfahrt hat mit Visionen begonnen, die in ihrer Zeit wahrscheinlich nicht gerade als realistisch eingeschätzt worden sind. 1865 hat ein Schriftsteller namens Jules Verne einen Roman mit dem Titel *Von der Erde zum Mond* veröffentlicht, und die Reise, die darin beschrieben wird, war damals wirklich mehr als fantastisch. Allerdings schießen Jules Vernes Helden ihr Raumschiff mit einer riesigen Kanone zum Mond, und das würde in der

Realität nicht funktionieren. Man kann also sagen, ein paar Dinge in dem Roman haben gestimmt, aber vieles auch nicht.«

Sven sagte: »Aber jetzt gibt es Raumschiffe, die zum Mond fliegen können.«

»Die Romane von Jules Verne haben viele Wissenschaftler inspiriert. In den achtziger Jahren des 19. Jahrhunderts veröffentlichte der russische Mathematiker Konstantin Ziolkowski erste theoretische Arbeiten über die Realisierbarkeit von Raumflügen und stellte 1903 eine fundamentale Gleichung für Raketen auf. Man konnte zwar immer noch keine bauen, aber es begannen doch sehr viele Ingenieure sich für das Thema zu interessieren. Zum Beispiel schrieb in den zwanziger Jahren der deutsche Ingenieur Hermann Oberth eine Dissertation über die Konstruktion von Triebwerken und mehrstufigen Raketen. Kurioserweise wurde diese Dissertation von seiner Fakultät aber als zu fantastisch zurückgewiesen.«

»Genauso wie heute der Überlichtantrieb!«, rief Sven.

»Immer mit der Ruhe. Nachdem Oberths Dissertation also nicht angenommen worden war, veröffentlichte er sie unter dem Titel *Die Rakete zu den Planetenräumen* als Buch. Daraufhin wurde sie zu einem Bestseller. Die Menschen haben offenbar gespürt, dass hier im wahrsten Sinne des Wortes etwas in der Luft lag. Sogar die Filmbranche hat darauf reagiert. Ein berühmter Regisseur, Fritz Lang, drehte 1929 den Film *Die Frau im Mond*. Dafür engagierte er Hermann Oberth als wissenschaftlichen Berater. In diesem Film, und das ist wirklich erstaunlich, wurde sogar der Countdown erfunden. Fritz Lang brauchte ihn, um den Start filmisch möglichst spannend zu machen. Es war ja ein Stummfilm, und er konnte nicht mit Geräuschen arbeiten. Also sieht man in dem Film einfach nacheinander Schrifttafeln mit den Zahlen von zehn bis null. Dadurch wussten die Zuschauer, dass bei null irgendetwas passieren musste. Hermann Oberth soll sogar geplant haben, zur Filmpremiere eine echte Rakete abzufeuern. Das war aber doch ein etwas zu gewagtes Projekt, das schließlich fallengelassen wurde.«

»Heute wäre das kein Problem.«

»Ja, Sven. Die Entwicklung ist sehr schnell vorangeschritten. In Berlin gab es damals eine kleine Gruppe von Raketenenthusiasten, Technikfreaks würde man heute vielleicht sagen, die fest an die Realisierbarkeit von bemannten Raumflügen glaubten und in Tegel Triebwerkstests und Startversuche durchführten. Einer von ihnen war Wernher von Braun. Er war ein hervorragender Ingenieur, aber vor allem war er sehr ehrgeizig. Er tat sich mit dem Militär zusammen und schrieb in den dreißiger und vierziger Jahren eines der erfolgreichsten und zugleich dunkelsten Kapitel der Raumfahrtgeschichte. Die von ihm konstruierte V2-Rakete erreichte mit Flughöhen von mehr als hundert Kilometern erstmals den Weltraum. Das war großartig. Aber die Rakete wurde unter furchtbaren Bedingungen von Zwangsarbeitern in einem Bergwerksstollen im Harz gefertigt und als Kriegswaffe gegen England eingesetzt. Ich werde dir besser nicht erzählen, wie diese Dinge damals vor sich gingen.«

»Ich weiß schon. Die Nazis und so.«

»Du solltest dich irgendwann einmal über dieses ›und so‹ informieren. Aber gut, das ist nicht unser Thema. Ich möchte dazu nur so viel sagen: Lass dir von niemandem einreden, dass es an der Zeit wäre, diese Dinge allmählich zu vergessen. Aber zurück zur Geschichte der Raketen. Nach dem Krieg wurde hauptsächlich in den USA und in Russland Raketenforschung betrieben. Die Russen waren dabei zunächst schneller. Sie starteten 1957 einen Satelliten namens Sputnik, eine Metallkugel mit einem Durchmesser von knapp sechzig Zentimetern und zwei oder drei Antennen. Der Sputnik war das erste von Menschenhand geschaffene Objekt, das die Erde im Weltraum umrundet hat. Kurz darauf brachten die Russen mit der Hündin Laika das erste Lebewesen und 1960 mit Juri Gagarin den ersten Menschen in den Weltraum. Die Amerikaner hinkten in diesen Jahren den Russen hinterher und fühlten sich dadurch gedemütigt. Deswegen starteten sie mit dem Apollo-Programm schließlich ein gigantisches Weltraumprojekt, um als erste Nation den Mond zu erreichen. Und das gelang ihnen 1969 schließlich auch. Das war ohne Zweifel eine großartige technische Leistung, aber das alles ist mittlerweile fast vierzig Jahre her.«

»Das meine ich ja«, sagte Sven. »Jetzt muss es doch endlich weitergehen.«

»Das sagt sich so leicht. Die Befürworter der bemannten Raumfahrt sind schon lange der Meinung, dass wir nun zum Mars fliegen sollten. Der Mars ist auch wirklich ein interessantes Ziel. Ich würde bei einer Reise dorthin bestimmt wieder genauso aufgeregt vor dem Fernseher sitzen wie als Neunjähriger bei der Mondlandung. Aber es ist eine ganz andere technische Herausforderung, Menschen zum Mars zu schicken als zum Mond. Es geht nicht einfach nur darum, ein bisschen weiter zu fliegen als bisher. Das können wir ja längst. Forschungssonden sind schon bis zum Neptun geflogen und noch weiter. Das Problem ist aber, dass eine Reise zum Mars inklusive Hin- und Rückflug mindestens zwei Jahre dauern würde. Und niemand weiß, ob man eine kleine Gruppe von Astronauten so lange auf engstem Raum isolieren kann. Menschen reagieren sehr empfindlich darauf, wenn ihnen die Bewegungsfreiheit genommen wird. Und wenn wir keine Privatsphäre mehr haben und uns nicht mehr zurückziehen können, um allein zu sein, dann macht uns das sehr zu schaffen. Das ist kein technisches, sondern ein psychologisches Problem. Aus einem Marsraumschiff, wenn es einmal unterwegs ist, kann niemand mehr aussteigen. Vielleicht würden die Astronauten irgendwann anfangen, sich gegenseitig zu hassen. Im Weltraum kann niemand vor die Tür gehen, um Dampf abzulassen. Es gibt dort keine Natur, keine Tiere, keine Wolken, keine Tage, keine Nächte – nichts. Der Weltraum ist keine Wüste, sondern das pure reine Nichts. Wer soll das aushalten?«

»Dann müssen wir schnellere Raumschiffe bauen. Warum sollte das nicht möglich sein?«

»Die interessante Frage ist doch: Warum *ist* es eigentlich noch nicht möglich? Im 20. Jahrhundert hat eine atemberaubende Entwicklung stattgefunden. Zu Jules Vernes Zeiten lag die Höchstgeschwindigkeit von Lokomotiven bei hundert Stundenkilometern. Und ein Jahrhundert später ist Apollo 11 mit mehr als 40 000 Stundenkilometern zum Mond geflogen. Das ist eine Verviertausendfachung der Höchstgeschwindigkeit in historisch kürzester Zeit. Vorher hat es die Menschheit in ihrer gesamten Geschichte gerade mal auf eine Verfünffachung der maximalen Fortbewegungsgeschwindigkeit gebracht. Wenn die Entwicklung nach Apollo so weitergegangen wäre wie davor, müssten wir heute schon längst mit Lichtgeschwindigkeit unterwegs sein – aber das sind wir nicht. Seit der Mondlandung ist kaum noch etwas passiert. Woran liegt das? Es wird immer noch viel Geld für die Raumfahrt ausgegeben, und ich bin mir sicher, wenn man wüsste, wie man schnellere Raumschiffe bauen könnte, würde man sie auch bauen. Das Problem ist ganz einfach, dass man es nicht weiß. Alle Raumschiffe, die jemals gebaut worden sind, erzeugen ihren Schub durch den Ausstoß heißer Verbrennungsgase. Und effektivere Antriebsformen, die es ermöglichen würden, größere Strecken im Weltraum in akzeptablen Zeiten zurückzulegen, gibt es noch nicht.«

»Es gibt Pläne für Atom- und Ionentriebwerke«, entgegnete Sven. »Mit denen würde man es schaffen.«

»Nun ja, das sagt sich so leicht. Aber erstens arbeiten auch diese Triebwerke nach dem Rückstoßprinzip, und zweitens ist es wirklich keine Kleinigkeit, einen Atomreaktor in eine Erdumlaufbahn zu transportieren. Wenn dabei etwas schiefgeht, kann das katastrophale Folgen haben. Aber du hast schon recht: Es ist sehr schwer, die Zukunft vorauszusagen. Vielleicht werden wir eines Tages über ein Transportmittel verfügen, mit dem wir eine gewisse Mobilität im Sonnensystem erreichen, das mag schon sein. Ich frage mich trotzdem, wer eigentlich ein Interesse an solchen Raumschiffen haben könnte. Die Menschheit müsste enorme Mittel in die Erkundung und Erschließung des Planetensystems investieren, ohne so recht zu wissen, wozu der ganze Aufwand eigentlich dient. Die Frage ist doch: Was sollen wir überhaupt auf anderen Planeten?«

»Wir können dort Kolonien gründen«, sagte er. »Wir verwandeln sie in erdähnliche Planeten. Auf dem Mars gab es vielleicht einmal Leben. Es könnte dort sogar immer noch Leben geben.«

»Ja«, sagte ich, »vielleicht. Es ist möglich, dass wir uns eines Tages im Sonnensystem ausbreiten werden. Das ist technisch zumindest vorstellbar. Vielleicht gehen wir eines Tages auf der Venus surfen und auf Ganymed skifahren. Aber sehr viel weiter hinaus ins All werden wir nicht kommen. Ich nehme an, du weißt, dass die Lichtgeschwindigkeit die höchste aller möglichen Geschwindigkeiten ist. Nichts und niemand kann sich schneller fortbewegen als das Licht. Jedes Raumschiff, das wir bauen, würde immer unterhalb dieser Grenze bleiben. Aber das ist noch nicht alles, Sven, leider sind die Dinge noch komplizierter. Nehmen wir einmal an, wir könnten ein Raumschiff bauen, das die Lichtgeschwindigkeit *fast* erreicht. Das wäre großartig. Und neugierig, wie wir sind, setzen wir uns hinein und fliegen los. Unser Ziel ist Alpha Centauri, ein nur vier Lichtjahre entfernter Doppelstern. Kosmisch gesehen ist das ein Katzensprung. Und da unser Raumschiff nur ein ganz kleines bisschen langsamer ist als das Licht, brauchen wir also vier Jahre, um Alpha Centauri zu erreichen, und noch einmal vier Jahre, um wieder zur Erde zurückzufliegen – macht zusammen acht Jahre. Das klingt doch eigentlich gar nicht so schlecht, könnte man denken – aber wir haben dabei die Relativitätstheorie noch nicht berücksichtigt. Aus der folgt nämlich, dass in einem Raumschiff die Zeit langsamer vergeht als auf der Erde. Das heißt, wenn wir auf unserer Raumschiffuhr beziehungsweise auf unserem Raumschiffkalender am Ende der Reise nachsehen, wie lange wir unterwegs gewesen sind, dann stellen wir fest, dass es nicht acht, sondern nur vier Jahre waren. Der genaue Wert hängt davon ab, wie nahe wir der Lichtgeschwindigkeit gekommen sind. Nun gut, drei oder vier Jahre Differenz ließen sich ja vielleicht noch verkraften. Stella, die jetzt sieben ist, wäre bei meiner Rückkehr fünfzehn. Als Vater würde mich das schmerzen, aber der Faden unserer Geschichte würde dadurch nicht zwangsläufig reißen. Doch was ist, wenn das Reiseziel nicht vier, sondern vierzig Lichtjahre entfernt läge? Je länger man beschleunigt, desto zäher fließt in einem Raumschiff die Zeit. Und das heißt, dass die Erde einem zeitlich sozusagen davoneilt. Nach wenigen Jahren käme man in eine Welt zurück, in der achtzig Jahre vergangen wären. Wer weiß, ob man dann noch irgendetwas wiedererkennen würde. Und was, wenn es hundert, zweihundert oder dreihundert Jahre wären, die man überspringen würde? Stell dir vor, Napoleon würde hier auf einmal auftauchen. Glaube mir: Er würde nicht zum mächtigsten Mann der Welt aufsteigen, sondern wäre in null Komma nichts obdachlos. Und gemessen an unserer Galaxie sind dreihundert Lichtjahre praktisch nichts! Sie misst hunderttausend Lichtjahre im Durchmesser. Wie sollen wir denn jemals in vernünftigen Zeiträumen die ganze Galaxie erforschen?«

»Mit Wurmlöchern«, antwortete er. »Da fliegt man rein und kommt an einer anderen Stelle des Weltraums wieder raus.«

»Gut«, sagte ich, »spielen wir auch diesen Gedanken zum Schluss noch durch. Wurmlöcher sind faszinierende Objekte der Theorie, aber um sie zu verstehen, braucht man sehr komplizierte Mathematik. Und das ist genau das Problem. Es ist zwar mathematisch möglich, Wurmlöcher zu beschreiben, aber damit wissen wir noch lange nicht, ob es sie in der Realität auch gibt. Ich bin kein Experte für diese Dinge, aber die, die es sind, haben berechnet, dass Wurmlöcher einen Schönheitsfehler haben: Sie sind nicht stabil. Würde man in eins hineinfliegen, dann würde man es dadurch zerstören. Eine Reise durch ein Wurmloch – wenn man sie denn überleben würde – wäre auf jeden Fall eine Reise ohne Wiederkehr. Und das heißt, auch mit Wurmlöchern kämen wir bei der Erforschung des Universums nicht wirklich voran. Pass auf, Sven, lass uns noch einmal auf Jules Verne und die Science-Fiction-

Literatur zurückkommen. Ich verstehe, dass Science-Fiction-Autoren Wurmlöcher lieben, weil Wurmlöcher das Problem mit der Lichtgeschwindigkeit lösen. Aber wie schon das Beispiel Jules Verne zeigt, sollte man Science-Fiction-Literatur nicht allzu wörtlich nehmen. Sie hat jedenfalls nicht immer recht. Vor 500 Jahren hat ein Engländer, er hieß Thomas Morus, einen Roman mit dem Titel *Utopia* geschrieben. Daher kommt das Wort utopisch. Er beschrieb darin eine Gesellschaft – die der Utopier –, in der persönlicher Besitz unbekannt war und Demokratie herrschte. Morus war offenbar ziemlich optimistisch, was die Zukunft anging. Aber es ist doch anders gekommen. Jedenfalls sieht es nicht danach aus, als würde das Privateigentum in absehbarer Zeit abgeschafft. Und 1948 schrieb George Orwell, auch ein Engländer, den Roman *1984*. Darin kontrolliert ein diktatorischer Staat seine Bürger mit einem lückenlosen Überwachungssystem. Orwell war also Pessimist, aber recht behalten hat er zum Glück auch nicht. – Weißt du, es gibt zwei Dinge, die wir nicht wissen, wenn wir über die Zukunft nachdenken: Wir wissen nicht, wie die Technik sich weiterentwickelt, und wir wissen nicht, wie wir Menschen uns weiterentwickeln. Wir können uns zum Beispiel fragen, ob es uns jemals gelingen wird, eine gerechte Gesellschaft zu errichten, die jedem die gleichen Chancen und Entwicklungsmöglichkeiten bietet. Und wir können uns fragen, ob wir jemals in der Lage sein werden, die Erde zu verlassen und im Weltraum herumzureisen, um dort vielleicht andere, gerechtere Gesellschaften zu gründen – oder zu finden. Was die erste Frage angeht, glaube ich nicht, dass sie sich jemals beantworten lässt. Was ist denn überhaupt Gerechtigkeit? Sind wir uns darüber einig? Hätten wir als Menschheit bei einem Kontakt mit Außerirdischen eine gemeinsame Botschaft zu überbringen? In Filmen mag das so sein, aber so wie ich die Dinge sehe, sind wir in der Realität noch sehr weit davon entfernt. – Bei der zweiten Frage, der nach unseren zukünftigen technischen Möglichkeiten, stehen die Chancen auf eine solide Antwort immerhin etwas besser. Allerdings kennst du meine Meinung in dem Punkt ja schon: Wir sind ganz einfach zu langsam, um uns im Weltraum auszubreiten.«

»Vielleicht ist das mit der Geschwindigkeit ja gar nicht so wichtig«, sagte er daraufhin. »Irgendwann werden ganze Menschheitskolonien in riesigen Raumschiffen mit geringer Geschwindigkeit aufbrechen, um andere Sternensysteme zu besiedeln. Es werden schon Experimente durchgeführt, in denen Menschen das Leben in künstlichen Biosphärenkuppeln ohne Kontakt zur Außenwelt ausprobieren. Irgendwann werden wir in riesigen Raumschiffen mit Pflanzen und Tieren für Jahrhunderte oder Jahrtausende auf interstellare Reisen gehen und im Weltall Kolonien gründen. Das ist ganz sicher. Irgendwann wird uns gar nichts anderes übrigbleiben, als die Erde zu verlassen, weil die Sonne sich ausdehnen und immer größer werden wird. Es wird immer heißer auf der Erde, die Ozeane werden verdampfen, und zum Schluss stürzt die Erde in die Sonne! Spätestens dann werden wir uns auf die Reise zu anderen Planeten machen *müssen*, das ist doch ganz klar.«

»Also das mit der Sonne«, sagte ich, »wird noch fünf Milliarden Jahre dauern. Du bist jung – aber so jung nun auch wieder nicht, dass dich das beunruhigen müsste. Ich verstehe dich ja. Ich verstehe, dass es faszinierend ist, sich andere Welten vorzustellen und darüber nachzudenken, wie es dort wohl wäre. Aber wer weiß, ob die Wirklichkeit auch halten würde, was die Fantasie uns verspricht. Oftmals stellen wir uns die Dinge viel großartiger vor, als sie tatsächlich sind. – Was ich damit sagen will, ist Folgendes: Ich finde, du solltest die Fantasie von Berit und Stella nicht zu sehr beeinflussen. Sie sollen sich ihre eigenen Vorstellungen vom Universum machen können. Für sie ist der Weltraum noch ein ganz anderer Ort als für dich. Ihre Welt ist noch magisch und nicht technisch. Und sie müssen die Trennung zwischen Fantasie und Wirklichkeit irgendwann selbst vollziehen. Verstehst du, was ich meine? Manchmal wünsche ich mir, ich könnte den Weltraum noch einmal mit Stellas Augen sehen. Ich möchte noch einmal alles vergessen, was ich weiß, und einfach nur über die Schönheit des Himmels staunen. Das ist etwas Wunderbares, und das sollten wir den beiden nicht nehmen. Lass sie einfach ihren Stern suchen und dränge ihnen nicht deine Träume auf. Das ist alles, was ich sagen will. Jeder hat das Recht, seinen eigenen Traum vom Himmel zu träumen.«

Herbst

Im Osten geht die Sonne auf,
Im Süden hält sie Mittagslauf,
Im Westen wird sie untergehen,
Im Norden ist sie nie zu sehen.

Irgendwann fiel mir ein, dass ich Sven nicht gefragt hatte, ob die Verse, die Stella und Berit gefunden hatten, von ihm stammten. Und tatsächlich erwies sich mein Telefonat mit ihm in dieser Hinsicht schon bald als nutzlos. Stella fand gegen Ende der Sommerferien nämlich einen weiteren Zettel, und auf dem stand geschrieben: »Abends legt er sich zur Ruh«, sodass ihr Spruch nun insgesamt also lautete: »Morgens geht er auf, dein Stern, mittags ist er dir nicht fern, abends legt er sich zur Ruh.«

Das erinnerte mich an ein kleines astronomisches Gedicht, das mir meine Großmutter vor langer Zeit mit auf den Weg gegeben hatte: »Im Osten geht die Sonne auf / Im Süden hält sie Mittagslauf / Im Westen wird sie untergehen / Im Norden ist sie nie zu sehen.« Und genauso wie dieses Gedicht – das schien mir jetzt deutlich – konnten sich auch die drei Zeilen, die Stella inzwischen gefunden hatte, auf keinen anderen Stern beziehen als auf die Sonne.

Die zunächst etwas irritierende Mittelzeile »Mittags ist er dir nicht fern« war astronomisch gesehen nämlich durchaus korrekt. Von allen Sternen ist uns die Sonne der nächste, und das natürlich auch am Mittag. Das Rätsel gefiel mir jetzt, und das noch aus einem anderen Grund: Es brachte eine Eigenschaft der Sonne zum Ausdruck, deren grundlegende Bedeutung heutzutage oftmals übersehen wird, weil wir sie für selbstverständlich halten: Die Sonne ist ein *Stern*.

Dieser scheinbar so schlichte Satz war ein immenser intellektueller Fortschritt in der Geschichte der Menschheit. Schließlich haben unsere Vorfahren die Sonne anfänglich für eine Gottheit gehalten, die das Firmament beherrschte und den Sternen überlegen war. Und man muss ja auch zugeben, dass es keineswegs auf der Hand liegt, dass die Sonne ein Stern ist. Sie scheint am Tag, Sterne dagegen scheinen nachts. Sie ist gleißend hell, Sterne flackern dagegen nur schwach. Sie ist scheinbar die einzige ihrer Art, Sterne gibt es zu Tausenden. Und die Sonne verschiebt sich gegenüber den Sternen, während diese ihre Position zueinander beibehalten.

Es ist also keineswegs selbstverständlich zu behaupten, dass die Sonne ein Stern ist. Um diesen Satz wirklich zu verstehen, muss man bereits einiges über das Universum wissen, insbesondere was ein Stern überhaupt *ist* – im Gegensatz beispielsweise zu Planeten, Meteoriten oder Kometen. Und man muss den Glauben aufgeben, bei all den vielen Lichtern am Himmel handele es sich um beseelte Wesen, um Götter oder mythische Helden.

Was aber ist ein Stern? Die erste und wichtigste Antwort auf diese Frage ist: Sterne leuchten aus eigener Kraft. Alle Planeten und Monde des Sonnensystems wären dunkel und unsichtbar, wenn sie von der Sonne nicht angeleuchtet würden. Ohne die Sonne herrschte ewige Nacht auf der Erde – wohlgemerkt Nacht, nicht aber vollständige Dunkelheit, denn die Sterne – all die anderen – stünden nach wie vor unverändert am Firmament.

Ihre Leuchtkraft bezieht die Sonne aus einem Prozess, den Physiker Kernfusion nennen: In ihrem Innern verschmilzt Wasserstoff zu Helium – und das schon seit nahezu fünf Milliarden Jahren. Die dabei frei werdende Energie bringt den Wasserstoff zum Leuchten, die Sonne hat also wie eine Kerzenflamme keinen festen Boden. Sie ist ein riesiger Ball aus heißem leuchtendem Gas – und genau das sind alle anderen Sterne auch. Sie sind lediglich viel weiter weg und für uns daher nur als kleine schwache Lichtpunkte sichtbar.

Die Sonne ist ein Stern, aber nicht alle Sterne gleichen der Sonne aufs Haar. Es gibt Riesensterne, die viel größer sind und ihren Wasserstoffvorrat in kürzester Zeit verfeuern. Und es gibt stellare Winzlinge, die nie richtig anfangen zu glühen. Es gibt junge und alte Sterne, veränderliche und pulsierende, rote Überriesen und blaue Nachzügler, es gibt Neutronen-, Doppel- und Protosterne, weiße und braune Zwerge und – als Endpunkt der Entwicklung sehr massereicher Sterne – Schwarze Löcher.

Alles in allem können wir sehr froh sein, dass die Sonne ein eher kleiner, recht durchschnittlicher Stern ist. In der Nähe anderer Sterne kann es nämlich sehr ungemütlich werden.

Ihre Strahlung könnte tödlich sein und ihre Brenndauer kurz. Manche Sterne leuchten »nur« hundert Millionen Jahre. Diese Zeitspanne hätte auf der Erde nicht einmal für die Entstehung von Mikroben gereicht. Und wenn die Sonne jetzt gerade damit beginnen würde zu verlöschen, hätten wir ein echtes Problem.

Aber sie wird noch vier bis fünf Milliarden Jahre lang ruhig scheinen – die Menschheit steht, was ihre ferne Zukunft angeht, nicht unter Zeitdruck. Übrigens habe ich Stella vor kurzem gefragt, warum ihrer Meinung nach die Sonne scheint. Und sie wusste die Antwort sofort: »Weil heute Sommer ist.«

✡

Die Sommerferien sind zu Ende gegangen, und Stella hat an einer Schultheateraufführung zur Begrüßung der Erstklässler teilgenommen. Wie alle Eltern waren auch meine Frau und ich ganz gespannt darauf, sie auf der Bühne zu sehen. Doch ich hatte Pech: Ich saß hinter einem Vater, der so groß war wie ein Basketballprofi. Ich konnte auf meinem Stuhl hin- und herrutschen, so viel ich wollte: Stella, die halbrechts im Chor der Mäuse stand, wurde durch seinen Kopf vollständig verdeckt.

Es war also wie bei einer Sonnenfinsternis: Wenn man Stella durch die leuchtende Sonne und den störenden Kopf vor mir durch den Mond ersetzte, dann saß ich in der sogenannten Totalitätszone. Das ist jener Ort auf der Erde, auf den der Schatten des Mondes fällt, wenn er sich zwischen Erde und

Sonne schiebt. Steht man als Beobachter in diesem Schatten, dann ist die Sonnenscheibe durch den Mond vollständig bedeckt und man spricht von einer totalen Sonnenfinsternis.

Der Durchmesser des Mondschattens auf der Erdoberfläche ist mit rund zweihundert Kilometern nicht besonders groß. Als 1999 in Deutschland eine Sonnenfinsternis stattfand, war diese nur in Bayern total. Von Berlin aus konnte man am Mond vorbei die Sonne immer sehen – so wie es mir bei der Theateraufführung manchmal gelang, eine Sichel von Stellas blonden Haaren zu erblicken, wenn ich mich sehr weit nach rechts oder links neigte.

Ebenso wie Sonnenfinsternisse sich präzise vorausberechnen lassen, lassen sie sich auch *zurück*rechnen. Das Sonnensystem ist eine Uhr, die sich in Computern sehr weit vor- oder zurückstellen lässt. Es ist aber schwierig, historische Sonnenfinsternisse in ihrer Bedeutung immer richtig zu interpretieren. Beispielsweise berichten die Evangelisten von einer Verfinsterung des Himmels bei der Kreuzigung Jesu. Tatsächlich gab es im Jahr 29 eine Sonnenfinsternis, deren Totalitätszone Palästina gestreift hat. Ob das heißt, dass Jesus im Jahr 29 gekreuzigt wurde oder beide Ereignisse zur Bedeutungssteigerung im Nachhinein einander zugeordnet worden sind, lässt sich schwer sagen.

Es gab einen misslichen Unterschied zwischen meiner Lage und einer realen Sonnenfinsternis. Die Totalität einer Sonnenfinsternis dauert immer nur ein paar Minuten, danach gibt der Mond den Blick auf die Sonne wieder frei und wandert weiter. Der Kopf vor mir dagegen ruhte ortsfest wie ein Fels vor meiner Stella-Sonne. Im Unterschied zur realen Erde konnte ich aber ganz einfach aufstehen und aus dem Mondschatten heraustreten – und das tat ich auch. Ich huschte auf einen Stehplatz, und nun konnte ich Stella endlich sehen. Wenn man eine Sonnenfinsternis verpasst, kann man auf die nächste warten, aber im Chor der Mäuse würde Stella nur ein einziges Mal singen!

✲

Als ich zu Hause war, fiel mir ein, dass ich von der '99er-Sonnenfinsternis noch eine verspiegelte Spezialfolie zur Sonnenbeobachtung hatte. Ich befestigte sie vor Stellas Fernglas, und nun konnte man die hoch am Himmel stehende Sonne sehr gut betrachten, ohne sich die Augen zu verletzen. Durch die Folie cremig weiß eingefärbt, schwebte sie vor einem anthrazitgrauen Himmel. Der Anblick gefiel auch Stella, aber irgendwann meinte sie, dass das Fernglas schmutzig wäre, weil auf der Sonne Flecken zu sehen seien, die nicht weggingen.

»Das sind Sonnenflecken«, erklärte ich ihr. »Die sind nicht auf dem Fernglas, sondern auf der Sonne.«

»Flecken auf der Sonne?«, sagte sie erstaunt. »Die sehen aus wie Fliegen, die auf einem Käsekuchen herumkrabbeln.«

»Die Sonne ist nicht sosehr ein Kuchen«, sagte ich, »sondern eher so etwas wie ein riesiger Topf mit kochendem Wasser. Nur dass da oben kein Wasser kocht, sondern heißes Gas.

Und so wie bei kochendem Wasser Blasen entstehen und an die Oberfläche steigen, brodelt auch die Sonne so vor sich hin. Die dunklen Flecken, die du dort siehst, sind kein Schmutz oder irgendetwas Materielles. Die Sonne ist an diesen Stellen einfach nur ein bisschen kühler als in der Umgebung. Und weil die Sonne sich in fünfundzwanzig Tagen einmal um ihre Achse dreht, bewegen sich die Flecken jeden Tag ein bisschen nach rechts. Daran kann man sehen, dass sie wirklich zur Sonne gehören. Man sollte sich von der Bezeichnung Fleck auch nicht täuschen lassen. Unter einem Fleck stellt man sich ja in der Regel etwas Kleines vor. Einen Tintenklecks oder Tomatenketchup auf der Hose. Sonnenflecken sind aber ziemlich groß. Sehr groß sogar! Die gesamte Erde würde locker in so einen durchschnittlichen Sonnenfleck hineinpassen. Stell dir das einmal vor. Die ganze Erde hätte Platz in einem von den dunklen Pünktchen, die du durch das Fernglas siehst! Für uns ist die Erde eine riesige Kugel, aber im Verhältnis zur Sonne ist sie winzig klein.«

✡

Zu den ersten Dingen, die Stella im neuen Schuljahr lernt, gehört es, die Uhr zu lesen. Es fällt ihr aber schwer, die Bedeutung des Ziffernblatts zu verstehen, und deswegen sagte ich am Samstagmorgen zu ihr: »So ein Ziffernblatt ist eigentlich nur eine Abbildung des Himmels, und der Stundenzeiger stellt den Lauf der Sonne dar.«

»Und der Minutenzeiger?«

»Hm, der ist so eine Art Planet, der sehr schnell um die Sonne flitzt. Einmal pro Stunde, um genau zu sein. Aber vielleicht sollten wir uns erst einmal mit dem Stundenzeiger beschäftigen, der den Stand der Sonne angibt. Komm mal mit!«

Ich holte einen Bambusstab aus dem Geräteschuppen und steckte ihn in den Rasen. Er warf einen klaren, langen Schatten, an dessen Ende ich einen Kieselstein legte. »Siehst du«, sagte ich, »das ist eine Uhr. Der Schatten des Stabs ist der Stundenzeiger, und der Kieselstein ist sozusagen die Sonne.«

»Und wieso ist das eine Uhr?«, sagte sie.

»Das wirst du sehen. Die Sonne wandert ja, und deswegen wandert auch der Schatten. Pass auf, wir stellen jetzt auf der Eieruhr eine halbe Stunde ein, und wenn sie piept, legst du einen kleinen Stein ans Ende des Stabschattens. Dann stellst du wieder eine halbe Stunde ein und legst danach einen großen Stein hin. Und wenn du das den ganzen Tag über machst, alle halbe Stunde abwechselnd einen großen und einen kleinen Stein hinzufügen, dann liegt heute Abend – Hokuspokus – ein perfektes Ziffernblatt vor dir auf dem Rasen! Wir brauchen dann nur noch die richtigen Zahlen an die Steine zu schreiben, und fertig ist unsere Uhr.«

Mein Experiment funktionierte zunächst sehr gut. Stella beobachtete fasziniert, wie der Schatten weiterwanderte, und legte nach einer halben Stunde einen kleinen Stein auf den Rasen und nach einer weiteren einen größeren. Sie rief auch Berit an, die bald dazukam, und eine Weile lang saßen die beiden Mädchen im Gras, und Stella erklärte ihrer Freundin, wie das mit dem Stab und dem Schatten und der Uhrzeit war.

Aber irgendwann erlahmte ihr Eifer. Als sie im Bett lag, ging ich noch einmal in den Garten und betrachtete das Ziffernblatt ihrer Sonnenuhr. Eigentlich hätte im Laufe des Tages ein schöner regelmäßiger Bogen aus abwechselnd großen und kleinen Kieselsteinen auf dem Rasen entstehen müssen, aber an manchen Stellen lagen nur löchrig ein paar große herum, an anderen dagegen drängten sich viele kleine dicht nebeneinander. Mir wurde klar, dass diese Sonnenuhr kein Abbild der objektiven, für alle gültigen Zeit war, sondern jener Zeit, wie sie in Stellas Kopf verging.

Da das schöne Wetter anhielt, wurde die Sonnenuhr am Dienstag fertig. Ich half ein wenig nach, indem ich Stella am Wochenende gelegentlich aufforderte, in den Garten zu gehen und einen weiteren Kieselstein auf die Spitze des Zeigerschattens zu legen. Die falschen Steine entfernte ich wieder, und am Dienstag um drei Uhr war es dann so weit: Stella fügte den letzten Stein in das Ziffernblatt ein, sodass jetzt ein schöner Bogen aus großen und kleinen Kieseln auf dem Rasen lag.

Sie betrachtete die Uhr nachdenklich. »Sag mal, Papi, wieso haben Tage eigentlich zwölf Stunden und nicht zehn? Wir haben doch auch zehn Finger und nicht zwölf. Und zehn Zehen. Zehn könnte man sich viel besser merken als zwölf.«

Sie hatte recht: Da unser ganzes Zahlensystem auf der Zehn aufgebaut ist – die umständlichen römischen Ziffern ebenso wie die arabischen Zahlen, die wir heute benutzen –, musste es einen Grund dafür geben, dass sich bei der Zeitrechnung die Zwölf als Basis durchgesetzt hatte.

Vermutlich geht unsere Stundeneinteilung nicht auf die Babylonier zurück, wie oftmals angenommen, sondern auf die Ägypter. Und dass diese sich für eine zeitliche Zwölfteilung des Tages entschieden, lag wohl daran, dass die Zwölf, im Gegensatz zur Zehn, eine astronomische Bedeutung hat: Der Mond umkreist die Erde in einem Jahr ungefähr zwölf Mal.

Außerdem hat die Zwölf gegenüber der Zehn noch einen weiteren Vorteil: Mit 2, 3, 4 und 6 besitzt sie vier Teiler – und damit doppelt so viele wie die Zehn, die nur durch 2 und 5 teilbar ist. Und da die Ägypter das Bruchrechnen noch nicht beherrschten, war dies eine sehr nützliche Eigenschaft, weil sich dadurch nicht nur ein halber, sondern auch ein drittel oder viertel Tag in Stunden ausdrücken ließ.

Darüber hinaus gab es noch ein anderes, ebenfalls astronomisch motiviertes Zahlensystem, in das die Zwölf sehr gut hineinpasste. Weil das Jahr 365 Tage hatte, unterteilten bereits die Sumerer einen Kreis in 360 Teilstücke. Die Sonne verschob sich damit gegenüber den Sternen pro Tag etwa um ein Grad. Die 360 hat eine beeindruckende Liste von Teilern: 2, 3, 4, 5, 6, 8, 9, 10, 12, 15, 18, 20, 24, 30, 36, 40, 45, 60, 72, 90, 120 und 180 – was wieder den Vorteil mit sich brachte, dass man beim Rechnen mit 360 nicht ständig auf Brüche stieß. Und außerdem entsprach ein Zwölftel von 360 wiederum etwa der Länge eines Monats.

Zunächst teilten die Ägypter nur die Nacht in zwölf Zeitabschnitte ein und brachten jeden mit einem aufgehenden Stern in Verbindung. Schwieriger war die zeitliche Zwölftelung von Tagen, weil es am hellen Himmel keine Markierungen gibt. Aber mit etwas Erfahrung ließ sich aus der Höhe des Sonnenstands die Tageszeit recht gut bestimmen, und so setzte sich das Zwölf-Stunden-System im gesamten Mittelmeerraum durch.

Ich sagte zu Stella: »Unsere Vorfahren fanden die Zwölf so wichtig, weil es in einem Jahr ungefähr zwölf Vollmonde gibt. Du weißt ja, dass die Erde eine Kugel ist, die sich auf einem großen Kreis um die Sonne bewegt. Würdest du auf diesem Kreis immer dort einen Strich machen, wo Vollmond ist, dann sähe die Bahn der Erde nach einem Jahr genauso aus wie das Ziffernblatt meiner Armbanduhr hier. Meine Uhr ist sozusagen ein kleines Sonnensystem, das ich immer bei mir habe.«

»Woher wussten die Menschen früher denn eigentlich, dass die Erde eine Kugel ist? Sie hatten doch keine Flugzeuge und Raketen, um in den Weltraum zu fliegen.«

Ich beugte mich herab und zeigte auf den Schatten des Zeigers ihrer Sonnenuhr. »Jetzt ist es halb vier«, sagte ich, »und der Schatten ist recht lang. Mittags ist er kürzer. Mittags sind alle Schatten am kürzesten, weil die Sonne am höchsten steht. Aber weißt du, wenn man weiter im Süden ist, in Italien oder in Afrika, dann sind die Schatten mittags noch kürzer als bei uns. Sie werden immer kürzer, je näher man dem Äquator kommt. Und das liegt daran, dass die Erde eine Kugel ist.«

In der Küche lag eine Melone. Ich holte sie, legte sie auf den Gartentisch und bohrte drei Streichhölzer hinein: eines weit oben, die beiden anderen jeweils etwas tiefer.

»Die Melone«, sagte ich zu Stella, »soll jetzt die Erde sein, und oben ist Norden und unten Süden. Und wie du siehst, ist bei dem nördlichsten Streichholz, diesem hier oben, der Schatten auf der Melone sehr lang. Das nächste Streichholz ist schon etwas weiter im Süden, und der Schatten ist kürzer. Und dieses hier, das südlichste Streichholz, habe ich ungefähr in den Äquator der Melone gebohrt. Es wirft fast überhaupt keinen Schatten. – Du hast recht: Die Menschen hatten früher keine Flugzeuge und Raketen. Aber ihren Verstand hatten sie schon. Und ihre Neugier. Und als ihnen auffiel, dass die Schatten im Süden immer kürzer sind als im Norden, haben sie sich überlegt, woran das liegen könnte und dass die Erde wahrscheinlich eine Kugel ist so wie diese Melone hier. – Weißt du, was wir machen, bevor wir in den Herbstferien auf die Kanarischen Inseln fliegen? Wir nehmen einen Stab und messen die Länge seines Schattens. Und wenn wir dort sind, machen wir dasselbe noch einmal. Die Kanarischen Inseln sind viel weiter im Süden als wir hier, und deswegen sind die Schatten dort kürzer. Aus der Verkürzung kann man sogar den Erdumfang berechnen. Das hat ein Ägypter namens Eratosthenes schon vor über zweitausend Jahren getan.«

»Ach ja? Und wie ist der ohne Flugzeug auf die Kanarischen Inseln gekommen?«

Ich dachte: Wir leben in einer Zeit schwindelerregender technischer Möglichkeiten. Wir fliegen um den Globus, so wie man sich früher in ein Nachbardorf begeben hat. Wir frühstücken in Deutschland und essen in Ägypten zu Mittag. Aber sind wir dadurch neugieriger geworden? Interessieren wir uns noch für Schattenlängen, die uns nachweislich so Grundlegendes über unsere Welt verraten? Oder pflegen wir nicht immer noch alte unbeweisbare Weltbilder, die nicht aus Neugier und Beobachtung hervorgegangen sind, sondern aus Ängsten und Vorurteilen?

☆

Als wir ein paar Wochen später im Flugzeug saßen, blätterte Stella ein Kindermagazin durch, das wir im Zeitschriftenladen auf dem Flughafen gekauft hatten. Es gab darin natürlich auch die unvermeidliche Spalte mit Horoskopen, was mich wie immer ein wenig ärgerte. Da Kinder alles ernst nehmen, was in solchen Zeitschriften steht, sollte man so wenig Unsinn wie möglich hineinschreiben. Aber diese Dinge sind ja offenbar nicht zu ändern.

Das neue Problem in diesem Zusammenhang war allerdings, dass Stella die Horoskope als Zweitklässlerin nun *lesen* konnte. Die Texte, die nur wenige Zeilen umfassten, waren ihr aber Gott sei Dank zu lang, und sie beschränkte sich darauf, mir die Namen der Sternbilder des Tierkreises laut vorzulesen.

Um der Wahrheit Genüge zu tun, muss man ja einräumen, dass der Tierkreis zu einer Zeit geschaffen worden ist, als man wirklich noch nicht wusste, was es mit den Sternen auf sich hat. Und natürlich war es damals leichter, sich am Himmel zu orientieren, wenn man die Sterne zu Gruppen zusammenfasste, die man mit bekannten Dingen in Verbindung bringen konnte.

Es wäre jedenfalls sehr lästig gewesen, immer sagen zu müssen: »Wenn die Konstellation mit den drei senkrechten Sternen rechts und dem hellen in der Mitte und den beiden gelblichen im gleichen Abstand rechts und links davon am Himmel erscheint, dann ist es neun Uhr abends.« Wie viel einfacher war es doch, stattdessen zu sagen: »Es ist neun Uhr, wenn der Skorpion aufgeht.«

Zu unserem astronomischen Leidwesen haben die Menschen im Altertum Sternbilder aber nicht nur zur räumlichen und zeitlichen Orientierung benutzt, sondern ihnen auch schicksalsmächtige Kräfte zugeschrieben. Das wäre eigentlich nicht nötig gewesen, aber Bilder und Statuen waren damals ganz allgemein Gegenstand kultischer Verehrung. Deswegen ließ es sich wohl nicht verhindern, dass auch jene Bilder, die man am Himmel sah, in die religiösen Rituale einbezogen wurden.

Auf dem Kreis, den die Sonne während eines Jahres am Himmel durchläuft, legte man zwölf Sternzeichen fest, die größtenteils Tiere darstellten. Wie schon bei der Stundeneinteilung des Tages lag der Reiz der Zahl Zwölf darin, dass sie sich mit dem Zyklus des Mondes in Verbindung bringen ließ. Man konnte also jedem Monat ein Sternbild zuordnen, und mit diesem System (ergänzt durch ein paar Schaltregeln) ließ sich am

Nachthimmel immer ablesen, in welchem Monat man sich gerade befand.

Allerdings sind Himmel und Erde im Laufe der Zeit aus dem Takt geraten. Da die Erdachse eine Art Pendelbewegung ausführt, hat sich der Tierkreis gegenüber den kosmischen Verhältnissen im Altertum um einen Monat verschoben. Sternbilder und Monate passen nicht mehr so zusammen, wie es die Babylonier vor rund zweieinhalbtausend Jahren festgelegt haben. Und das heißt, wer heute glaubt, eine Jungfrau zu sein, ist in Wahrheit ein Löwe, wer sich für einen Skorpion hält, ist Waage, alle Widder sind Fische und so fort.

Stella war bei ihrer Lektüre gerade bei Jungfrau angekommen und sagte: »Berit ist Jungfrau. Das hat sie neulich gesagt. Aber was bin ich eigentlich?«

»Wassermann«, sagte ich.

»Wassermann?«, wiederholte sie entsetzt. »Das finde ich aber blöd. Ich bin doch kein Mann! Und ich lebe doch nicht im Wasser. Ich will nicht Wassermann sein!«

»Das mit den Sternbildern ist ganz unwichtig«, beruhigte ich sie. »Es hat nicht das Geringste zu bedeuten.«

Sie war trotzdem sauer. »Das ist gemein. Berit hat so ein tolles Sternbild und ich so ein blödes. Das ist total gemein!«

»Hm«, machte ich. »Welches Sternbild wärst du denn gerne?«

Sie blickte nach oben, so wie Kinder es machen, wenn sie intensiv über etwas nachdenken. Dann drehte sie sich zu mir und strahlte: »Stewardess!«

☆

Als Astronom werde ich gelegentlich gefragt, wie ich über Astrologie denke. Ich muss aber zugeben, dass ich dazu ungern etwas sage. Man wertet die Dinge auf, wenn man über sie spricht, und das möchte ich bei der Astrologie eigentlich nicht. Aus Sicht der Astronomie ist die Astrologie – also der Glaube, dass sich aus den Sternen etwas über das Schicksal von Menschen ablesen lässt – nämlich kompletter Unsinn. Aber der entscheidende Punkt ist: Es ist nicht nur aus der Sicht eines Astronomen so, sondern auch aus der eines Vaters.

Stella hat am selben Tag Geburtstag wie ein paar kluge Köpfe und ein paar finstere Gestalten der Weltgeschichte. Und die Behauptung, dass dies mit ihrem Schicksal in Zusammenhang steht und ihr Leben in irgendeiner Weise bestimmt, macht mich als Vater ziemlich ärgerlich. Denn immerhin setze ich alles daran, dass sie eines Tages zu einem Menschen wird, über dessen Leben einzig und allein sie selbst bestimmt. Und wenn die Astrologie behauptet, Aussagen über das Wesen eines Menschen machen zu können, um diesem zu helfen, sein Leben zu gestalten und wichtige Entscheidungen zu treffen, so würde ich niemandem raten, sich darauf einzulassen.

Die Behauptung, jemand sei in der Lage, Aussagen über Stellas Wesen oder Charakter zu machen, ohne ihr jemals begegnet zu sein, einzig aufgrund ihres Geburtszeitpunkts, finde ich als Vater ganz einfach unverschämt. Wer meint, ohne Ansehen ihrer Person aus ein paar Zahlen – weniger übrigens als auf einer Kreditkarte stehen – Stellas Wesen ergründen zu können, hat sie nicht alle. Und ich wüsste nicht, wie ich das als Vater je anders sehen sollte.

✡

An einem sonnigen Sandstrand eine Sonnenuhr zu bauen ist ein Kinderspiel! Man muss lediglich darauf Acht geben, dass das Ziffernblatt durch querschlagende Bälle nicht ständig zerbombt wird, dass herumtollende Hunde es nicht umpflügen, dass niemand gedankenlos darüber hinwegtrottet, dass Windböen den Zeiger nicht abknicken, dass Eisverkäufer ihre Karren nicht darauf parken oder dass man die Uhr nicht zu nahe am Wasser baut und sie durch die nächste Flut schon nach zwei oder drei Stunden in halbfertigem Zustand überspült und eingeebnet wird. Ansonsten ist es, wie gesagt, die simpelste Sache der Welt: Man sucht sich ein angeschwemmtes Stöckchen und ein paar schöne Muscheln, steckt das Stöckchen in den Sand, legt jede Stunde eine Muschel auf die Schattenspitze und wie von Zauberhand entsteht bis zum Abend ein herrlicher Muschelbogen im Sand, wenn alles glattgeht. Wenn, wie gesagt ...

Ich brauchte vier Tage, bis ich für mein Sonnenuhrprojekt eine geeignete Stelle etwas abseits des Badetrubels gefunden hatte. Ich erhob mich jede Stunde von meiner Mietliege, um zu kontrollieren, ob meine Uhr noch da war, und um eine neue Muschel anzulegen. Meine Frau fand, dass ich mich durch das

Vorhaben, eine Sonnenuhr am Strand zu bauen, zu sehr stressen ließ. Wir seien schließlich im Urlaub.

»Es ist ja für Stella!«, sagte ich.

»Bist du dir da sicher?«

Zugegeben: Obwohl ich das Ergebnis des Experiments kannte, hatte ich doch meine Freude daran, es durchzuführen. In einem geheimen Winkel meines Herzens wünschte ich mir, all den zufriedenen Sonnenscheinkonsumenten um mich herum eine kleine Astronomiestunde zu erteilen.

Als der Muschelbogen meiner Sonnenuhr abends unversehrt im Sand lag, sagte Stella anerkennend: »Das ist wirklich toll, Papi.«

Ich legte mein Rollmaßband an das Zeigerstöckchen, um den Abstand zur Mittagsmuschel zu vermessen. In Berlin hatte die Länge des Schattens am Mittag neunzig Zentimeter betragen – jetzt maß ich nur knapp vierzig Zentimeter, also deutlich weniger als die Hälfte. Ich fand, das war eine sehr beeindruckende Demonstration der Tatsache, dass die Erde eine Kugel ist.

Aber wer kann schon wissen, was in unseren Kindern vorgeht, wenn sie Dinge sehen, die uns Erwachsene begeistern? Wir schwärmen von einer großartigen Landschaft, und sie haben nur Augen für den Eisstand am Straßenrand. Wir bejubeln bei einem Tennismatch einen gelungenen Rückhandvolley, und sie fragen uns, wie man Balljunge wird.

Ich glaube, Stella wartete vor der Sonnenuhr nur aus Höflichkeit fünf Sekunden, bevor sie noch einmal »Toll, Papi!«

rief, zum Wasser jagte und dabei die Fünf-Uhr-Muschel mit ihrem Fuß in den feinen Sand stampfte.

Vor dem Abendessen trank ich auf der Terrasse unseres Apartments einen Kaffee und berechnete aus dem gemessenen Unterschied der Zeigerlängen den Erdumfang. Ich kam auf 39 000 Kilometer, nur etwa tausend Kilometer zu wenig – kein schlechtes Resultat, wie ich fand, dafür dass ich nur ein Stöckchen, ein Maßband und ein paar simple Formeln benutzt hatte.

Und offenbar hatte mein Experiment Stella doch ein wenig beeindruckt. Nachdem wir abends im Speisesaal unsere Runde am Buffet gedreht und zu essen begonnen hatten, sagte sie nämlich recht unvermittelt zu mir: »Papi, wenn die Erde wirklich eine Kugel ist und sich dreht, wieso merken wir dann nichts davon? Auf einem Karussell spürt man doch, ob es sich dreht oder nicht.«

Ich nickte. »Das ist eine gute Frage. Aber du musst bedenken, dass die Erde ein sehr, sehr großes Karussell ist. Ein wirklich riesiges Karussell. Und deswegen rappelt und wackelt und klappert sie nicht so wie ein Karussell auf einem Jahrmarkt. In Wirklichkeit kann man Bewegung nämlich *nicht* spüren, sondern nur die *Veränderung von Bewegung*!«

Das verstand sie nicht. »Aber wenn ich in einem Auto sitze, spüre ich doch, ob es fährt oder nicht.«

Ich schüttelte den Kopf. »Eigentlich nicht. Du spürst nur, ob es beschleunigt oder bremst oder um die Kurve fährt. Jedes Mal wenn sich an der Bewegung des Autos etwas ändert, spürst du das. Die reine Bewegung spürst du nicht. Das ist ein wichtiges physikalisches Prinzip, das Galileo Galilei entdeckt hat. Im ersten Moment findet man dieses Prinzip etwas seltsam, aber eigentlich ist es ganz logisch. Wenn du in einem fahrenden Zug im Speisewagen sitzt und etwas isst, dann fliegt dir ja auch nicht das Würstchen vom Teller. Solange der Zug einfach nur geradeaus fährt, passiert gar nichts. Wenn du die Vorhänge zuziehen und dir die Ohren zuhalten würdest, könntest du gar nicht sagen, ob er steht oder fährt – jedenfalls nicht, wenn es ein sehr guter, sehr ruhig fahrender Zug ist. Und die Erdoberfläche ist sozusagen ein riesiger ruhiger Zug. Ein Mensch am Äquator legt wegen der Erddrehung pro Tag 40 000 Kilometer zurück und spürt nicht das Geringste davon. 40 000 Kilometer in 24 Stunden! Das sind fast 1700 Kilometer pro Stunde oder 28 Kilometer pro Minute oder fast 500 Meter pro Sekunde! So schnell sausen wir herum. Zwischen jetzt und ...« – ich holte einmal Luft – » ... jetzt sind wir alle zusammen ein paar hundert Meter weitergeflogen. Aber weil das so ruhig und gleichmäßig geschieht und alles, was uns umgibt – die Teller vor uns, die Landschaft, das Meer –, sich genauso schnell bewegt, spüren wir nicht das Geringste davon!«

Sie dachte darüber nach. »Aber wenn die Erde sich dreht wie ein Ball in der Luft, dann müsste doch immer Wind sein.«

»Auch das nicht«, sagte ich, »denn die Erde dreht sich nicht *in der Luft*, sondern die Luft dreht sich mit ihr mit. Die Luft klebt sozusagen an der Erde. Wenn man in einem Zug sitzt und fährt, spürt man ja auch keinen Wind, obwohl Luft im Zug ist. Erst wenn man das Fenster aufmacht, weht einem Luft ins Gesicht – von außen. Es gibt aber keine Luft außerhalb der Erde. Erde und Luft zusammen drehen sich im Vakuum des Weltraums. Das Vakuum ist etwas, das sozusagen nichts ist – weder Luft noch Erde noch Staub oder Sand noch sonst etwas. Es ist einfach nur so etwas wie ein leeres Zimmer ohne alles. Wenn man von der Erde aus in den Weltraum fliegt, hört die Luft irgendwann auf, und über der Atmosphäre gibt es keinen Wind mehr, keine Wolken und keinen Regen. Deswegen müssen Astronauten ja immer dicke Anzüge mit Atemluftbehältern tragen.«

Wäre das Vakuum nicht nichts, sondern beispielsweise Luft, dann wäre die Erde vom Fahrtwind schon längst gebremst worden. Die Geschwindigkeit, mit der sie sich durch den Weltraum bewegt, ist nämlich enorm groß. Pro Jahr legt sie auf ihrer Kreisbahn um die Sonne fast eine Milliarde Kilometer zurück, was bedeutet, dass sie (und wir mit ihr zusammen) mit einer Geschwindigkeit von etwa 30 Kilometern pro Sekunde (!) durch den leeren Weltraum fliegt. Dagegen sind die 500 Meter pro Sekunde durch die Erdrotation nur eine kleine Beigabe.

Vor 400 Jahren konnte man sich in Rom nicht vorstellen, dass alles – die sieben Hügel der Stadt, der Tiber, der Petersdom – mit 30 Kilometern pro Sekunde durch den Weltraum fliegen sollte. (Die Vorstellung, dass wir zwischen zwei Atemzügen eine solche Strecke zurücklegen, ist in der Tat ziemlich schwindelerregend.) Und deswegen glaubte von den päpstlichen Gelehrten niemand, dass es diese Bewegung der Erde gab – so wie es Kopernikus und daran anknüpfend Galileo Galilei behaupteten. Die Kirche hielt am geozentrischen Dogma fest, dem zufolge die Erde im Mittelpunkt des Universums ruhte. Denn diese Ruhe entsprach ja der alltäglichen Erfahrung. Und so verbot Papst Paul V. die Lehre, dass die Erde sich um die Sonne bewegte, 1616 in einem Edikt. Nach dem Erscheinen seines Buchs *Dialog über die beiden hauptsächlichsten Weltsysteme* im Jahre 1632 wurde Galilei der Ketzerei beschuldigt und zu lebenslanger Haft verurteilt. Außerdem zwang man ihn, seine Überzeugungen öffentlich zu widerrufen, was er am 22. Juni 1633 auch tat. Erst 350 Jahre nach seinem Tod im Jahr 1642 wurde er 1992 von Papst Johannes Paul II. vollständig rehabilitiert.

Berühmt ist in diesem Zusammenhang ein Satz geworden, der im Allgemeinen Galilei zugeschrieben wird. Nachdem die Kirche ihn gezwungen hatte, seine astronomischen Lehren zu widerrufen, soll er: »Eppur si muove!« gemurmelt haben, »Und sie bewegt sich doch!« – womit er die Erde meinte. Verbürgt ist die Geschichte aber nicht und sie wird heute eher bezweifelt.

Stella rief: »Seht mal, ich habe eine Uhr gebaut!« Mit Ketchupklecksen und zwei Pommes Frites hatte sie ihren Teller in ein Ziffernblatt verwandelt. »Und jetzt ist es sieben!«

Die kürzere der beiden Pommes Frites zeigte auf die Sieben und die längere auf die Zwölf. Zwei Wochen lang hatte ich vergeblich versucht, ihr beizubringen, wie man die Uhr liest, und jetzt hatte sie es offenbar ohne weitere Erklärung von einem auf den anderen Moment verstanden. Sie schien selbst davon überrascht und legte voller Begeisterung eine Uhrzeit nach der anderen. Manchmal ist es mit unserer Auffassungsgabe so wie mit der Erde. Wir denken, sie bewegt sich nicht, aber das ist falsch. Eppur si muove.

Nach dem Abendessen gingen wir noch einmal an den Strand und wateten durchs Wasser. Stella sah aufs Meer hinaus und betrachtete den Horizont. »Wenn man mit einem Schiff immer weiter fahren würde, wohin käme man dann eigentlich?«

»Nach Amerika«, sagte ich.

»Und wenn man noch weiter fahren würde?«

»Nach Japan.«

»Und wenn man noch noch noch viel weiter fahren würde?«

»Irgendwann, nachdem wir an Indien vorbei- und um Afrika herumgefahren wären, kämen wir wieder hierhin zurück.«

»Weil die Erde eine Kugel ist?«

»Ja, genau.«

Sie dachte einen Moment darüber nach. »Und wenn ich mit einer Rakete in den Himmel fliegen würde? Wohin käme ich dann?«

»Erst mal zum Mond.«

»Und wenn ich noch weiter fliege?«

»Zu den Planeten.«

»Und danach?«

»Vielleicht zu deinem Stern.«

»Und wenn ich noch noch noch viel weiter fliegen würde?«

»Das wissen wir Astronomen auch noch nicht so genau«, sagte ich und wies mit dem Arm aufs Meer hinaus. »Siehst du den Horizont dort? Der sieht aus wie eine Linie zwischen Himmel und Meer. Und man denkt vielleicht, da wäre eine Grenze oder da wäre das Meer zu Ende. Aber es ist dort nicht zu Ende. Das Meer ist nirgendwo zu Ende. Und genauso ist es wahrscheinlich mit dem Weltraum. Im Weltraum gibt es auch einen Horizont. Wir können ihn zwar nicht so sehen wie den Horizont auf der Erde, aber es gibt ihn. Das Licht, das aus dem Weltraum zu uns kommt, ist nämlich sehr lange unterwegs. Tausend Jahre, oder Millionen Jahre oder Milliarden Jahre. Aber der Weltraum, das wissen wir, ist nicht älter als vierzehn Milliarden Jahre. Das ist eine unvorstellbar lange Zeit, aber nicht unendlich lang. Und deswegen können nicht alle Lichtstrahlen, die es im Universum gibt, schon bei uns sein. Wenn sie von einem Ort kommen, der zu weit weg ist, dann hat das Licht es noch nicht bis zu uns geschafft. Das ist wie mit Briefen. Früher, als es nur Briefe gab und noch kein Telefon, konnte man nicht wissen, was gerade in einem anderen Land geschah. Man musste warten, bis man Post von dort bekam. Und das Licht ist die Post des Universums. Es ist eine ziemlich schnelle Post, aber sie braucht doch ihre Zeit. Der Weltraum ist nicht älter als vierzehn Milliarden Jahre, und deswegen können wir nicht wissen, was an einem Ort geschieht, der weiter weg ist als vierzehn Milliarden Lichtjahre. Das Licht von dort hat es noch nicht bis zu uns schaffen können, seit es den Weltraum gibt. Es ist immer noch unterwegs. Der Horizont des sichtbaren Weltraums ist also ungefähr vierzehn Milliarden Lichtjahre von uns entfernt. Was wir mit einer Rakete dahinter finden würden, können wir nicht wissen. Wahrscheinlich sieht es dort genauso aus wie hier, und es gibt ganz viele Sterne und Planeten. Wir Astronomen glauben nämlich, dass der Weltraum überall gleich aussieht, ganz egal, wo man sich befindet. Ohne Wetter und Tageszeit sieht das Meer ja auch an jedem Punkt der Erde gleich aus.«

»Aber was wäre denn, wenn ich *noch* weiter fliegen würde, und noch weiter und noch weiter bis unendlich. Hört der Weltraum denn niemals auf?«

»Die Erde hört ja auch niemals auf«, sagte ich. »Wenn man auf der Erde herumfährt, nimmt man den Horizont immer mit, ohne ihn jemals zu erreichen. Er ist immer gleich weit von uns entfernt, und die Erde sieht überall aus wie eine flache runde Scheibe. Man fährt und fährt, und dann ist man plötzlich wieder dort, wo man losgefahren ist. Das ist doch eigentlich sehr seltsam, aber wenn man die Form der Erde kennt, kann man es ganz leicht verstehen: Man hat die Erde einfach nur umrundet! Und weißt du, im Weltraum könnte es ja genauso sein: Man fliegt und fliegt und erreicht niemals den Horizont, und wo auch immer man hinkommt, sieht das Weltall gleich aus. Und dann, obwohl man immer nur geradeaus geflogen ist, ist man plötzlich wieder dort, wo man die

Reise begonnen hat. Das wäre sonderbar, aber eigentlich nicht sonderbarer als auf der Erde. Es würde uns etwas über die Form des Weltraums verraten. Der Weltraum müsste dann auch so etwas wie ein Globus sein, in einer höheren Dimension zwar, aber das brauchst du noch nicht zu verstehen. Es ist sowieso nicht sicher, ob wir jemals herausfinden werden, welche Form der Weltraum wirklich hat. Dass die Erde eine Kugel ist, konnte man ja mit recht einfachen Mitteln und etwas logischem Denken schon vor langer Zeit beweisen – und wir beide haben es heute mit unserer Sonnenuhr noch einmal herausgefunden. So leicht ist es beim Weltraum leider nicht. Ich bin mir aber ganz sicher, dass es keinen Punkt gibt, an dem das Universum einfach zu Ende ist. Die Erde ist ja auch keine Scheibe, von der man herunterfallen kann, so wie die Menschen es früher einmal geglaubt haben.«

»Aber warum ist der Weltraum denn überhaupt so riesengroß? Wenn er kleiner wäre, könnte ich vielleicht zu meinem Stern hinfliegen«, sagte sie ein wenig traurig.

»Ja, das wäre schön. Ich kann dir auch nicht sagen, warum er so riesig ist. Mir gefällt das auch nicht. Ich weiß nur, dass er mal vor ganz langer Zeit viel kleiner gewesen ist, winzig klein. Alles, was wir sehen können: das Meer, die Planeten, die Sterne, ganz einfach *alles* hat einmal in eine winzige Kugel gepasst. Der ganze Weltraum war mal kleiner als ein Ei – und viel viel kleiner noch. Ja, er war sogar so klein, dass in ein Ei ganz, ganz viele Welträume hineingepasst hätten, unvorstellbar viele.«

»Also wie soll denn das *Meer* in ein *Ei* passen, Papi?!«, sagte sie und schüttelte ungläubig den Kopf. »Und woher willst du überhaupt wissen, dass der Weltraum mal so winzig klein war?«

»Ich gebe ja zu, das klingt ziemlich abenteuerlich, aber es stimmt. Das können wir Astronomen an den Sternen sehen. Man denkt ja, die Sterne würden immer an der gleichen Stelle stehen, wenn man den Himmel betrachtet. Mit sehr großen Teleskopen kann man aber sehen, dass sie sich ein kleines bisschen bewegen. Sie fliegen durch den Weltraum, und dabei entfernen sie sich von uns. Sie fliegen immer weiter von uns weg! – Pass auf, wir drehen jetzt einen Film vom Universum.«

Ich schaltete die Videokamera an, die ich mitgenommen hatte, und klappte den Monitor aus. Dann forderte ich Stella auf, in den Sand zu greifen und mit den Händen eine Sandkugel zu formen. Als sie das getan hatte, startete ich die Aufnahme und sagte: »Wir zählen jetzt bis drei, und dann wirfst du den Sand so hoch du kannst.«

Das gefiel ihr. Bei »Drei!« riss sie die Arme in die Luft, öffnete die Hände und schleuderte den Sand hoch. Die winzigen Körner glitzerten im Licht der untergehenden Sonne, bildeten für ein paar Augenblicke eine Wolke über ihrem Kopf und verwehten dann.

»Die Sandkugel, die du geformt hast«, sagte ich, als ich die Aufzeichnung abspielte, »war der Weltraum vor ganz langer Zeit, als er noch so winzig wie ein Ei gewesen ist. Und die Sandkörner waren die Sterne und Planeten. Und jetzt, siehst du, jetzt öffnest du die Hände, und alle Sterne fliegen auseinander und der Weltraum wird zu einer glitzernden Wolke über deinem Kopf. So ist es heute. Die Erde ist irgendeins der Sandkörner, und was wir nachts sehen, wenn wir zum Himmel hochschauen, ist ein kleiner Ausschnitt dieser Wolke. Wir sind mittendrin. Nur dass die Wolke sich *viel* langsamer bewegt als auf dem Film. Sie bewegt sich so langsam, dass wir denken, sie würde sich *nicht* bewegen und wir würden so etwas wie ein Foto betrachten, das sich nie ändert. In Wahrheit sehen wir nachts aber kein Foto, sondern einen ganz, ganz langsamen Film. Und auf diesem Film fliegt der Weltraum auseinander, genauso wie die Sandwolke über deinem Kopf. Und jetzt pass auf, was geschieht, wenn wir den Film rückwärts laufen lassen!«

Ich schaltete den Wiedergabemodus auf Rücklauf, und nun stand Stella am Strand wie eine kleine Zauberin, die langsam die Arme hob, um die glitzernde Sandwolke über ihrem Kopf einzufangen, in ihre Hände hineinzuhexen und zurück in eine dichte Kugel zu verwandeln. Die Sequenz gefiel uns so gut, dass ich sie vier- oder fünfmal abspielen musste.

Dann sagte ich: »Siehst du, das ist es, was wir Astronomen gemacht haben. Wir haben mit unseren Teleskopen gesehen, dass die Sterne auseinanderfliegen, und uns gefragt, wie es denn aussehen würde, wenn wir den Film rückwärts laufen lassen würden. Und dadurch sind wir dahintergekommen, dass alle Sterne vor langer Zeit einmal in einer winzigen Kugel zusammengepfercht gewesen sein müssen wie die Sandkörner in deinen Händen. Und den Moment, als du alle Körner in die Luft geworfen hast, nennen wir Astronomen den Urknall. Seitdem dehnt der Weltraum sich aus wie ein Luftballon, den man immer weiter aufbläst.«

»Hm«, sagte sie. »Dann müsste er ja irgendwann platzen!«

»Na ja, es ist eben doch kein *echter* Luftballon. Wir müssen uns einen Luftballon mit ganz vielen Pünktchen vorstellen, der niemals platzen kann. Am Anfang sind alle Pünktchen auf dem Ballon ganz dicht beieinander, aber wenn wir ihn aufblasen und er größer und größer wird, werden auch die Abstände zwischen den Pünktchen auf dem Gummi immer größer. Und ebenso wie diese Pünktchen entfernen sich auch die Sterne im Weltraum immer weiter voneinander – und das vielleicht bis in alle Ewigkeit. Aber das wissen wir noch nicht so genau. Wie bei einem Luftballon gibt es nämlich eine Kraft, die den Weltraum zusammenhalten möchte. Bei einem Luftballon ist das die Spannung des Gummis, beim Weltraum ist es die Anziehungskraft zwischen den Sternen – man nennt sie Gravitation. Und die Frage ist, was am Ende stärker ist: die Wucht der Explosion, mit der die Sterne auseinanderfliegen, oder die Gummikraft der Gravitation, die sie wieder in die kleine Anfangskugel zurückziehen möchte. Wenn die Wucht der Explosion nicht groß genug ist, dann würde aus unserem Luftballon irgendwann wieder die Luft rausgehen. Er würde kleiner und kleiner werden, und es wäre so, als würde der ganze Urknall-Film rückwärts ablaufen wie unsere Videoaufzeichnung. Der riesige Weltraum würde wieder zu einem winzigen Punkt zusammenschrumpfen und vielleicht von neuem auseinanderfliegen – wie eine Pflanze, die blüht und abstirbt und wieder blüht. Wenn die Wucht der Explosion aber größer ist als die Schwerkraft, dann dehnt sich der Weltraum immer weiter aus. Dann werden die Abstände zwischen den Sternen immer größer, und es wird immer dunkler und dunkler im Weltraum, weil ja auch die Sonne irgendwann aufhören wird zu scheinen«, sagte ich und wies auf den Horizont, über dem die Sonne ins Abendrot sank: »Apropos: Zeit, ins Bett zu gehen.«

Als es dunkel war, dachte ich auf der Terrasse des Apartments über das Schicksal des Universums nach. In allen Religionen gibt es Spekulationen über das Ende der Welt, und meistens ist es ein Gott, der – wenn es denn so weit ist – in irgendeiner Form das letzte Wort hat. Doch im Gegensatz zu Gott, der vielleicht gütig ist, nimmt die Natur auf unsere Gefühle keine Rücksicht.

Und so deuten alle astronomischen Daten im Moment darauf hin, dass das Universum sich nicht in einem langen Zyklus des Wachsens und Vergehens immer wieder erneuert, sondern sein Ende ein allmähliches Verlöschen und Erkalten in ewiger Expansion sein wird. Aber wirklich wissen können wir das noch nicht – nur eines ist im Moment ganz sicher: dass es die Erde und die Sonne dann schon lange nicht mehr geben wird.

✫

Doch nicht alle astronomischen Phänomene sind von so grundsätzlicher Bedeutung und so weit entfernt von unserer Alltagserfahrung wie der Urknall. Als wir am nächsten Tag am Strand lagen, stellten wir nämlich fest, dass unsere Sonnencreme zur Neige ging und wir eine neue Flasche brauchten.

»Was ist überhaupt ein Licht … schutz … faktor?«, entzifferte Stella das Etikett. »Und wieso muss man sich vor Licht schützen?«

»In dem Licht am Strand sind ein paar Strahlen, die für die Haut gefährlich sind, UV-Strahlen«, sagte ich.

»Und wo kommen die her?«

»Von der Sonne. Das Sonnenlicht ist ein Gemisch aus vielen einzelnen Farben. Das sieht man zum Beispiel bei einem Regenbogen. Die roten Anteile des Lichts empfinden wir dabei als warm und die blauen eher als kühl. Aber vielleicht erinnerst du dich noch daran, was ich einmal über die Farbe der Sterne gesagt habe. Wenn sie blau sind, sind sie sehr heiß, und wenn sie rot sind, dann sind sie eher kühl. In Wahrheit hat das blaue Licht nämlich viel mehr Energie als das rote. Und violettes Licht hat sogar noch mehr Energie als blaues. Die beiden Buchstaben UV sind eine Abkürzung und stehen für Ultraviolett. Das heißt so viel wie: neben dem Violett. Dort gibt es nämlich auch noch Licht, das wir aber *nicht* sehen können. Die Strahlung in einem Regenbogen hört beim Violett nicht auf, das denken wir nur, weil unsere Augen daneben nichts mehr wahrnehmen. Aber unsere Haut spürt die ultraviolette Strahlung. Und hier am Meer ist sie sogar besonders intensiv, deswegen wird unsere Haut auch braun. Vor dieser Strahlung müssen wir uns schützen.«

Stella nahm die Flasche entgegen, drückte ein wenig Creme in ihre Hand und meinte: »Das ist aber komisch, dass es Licht gibt, das wir nicht sehen können.«

Ich verstand, dass sie sich darüber wunderte, aber in Wahrheit ist es sogar so, dass wir den größten Teil der Strahlung, die von der Sonne ausgeht, nicht sehen können. Unsere Augen haben sich im Laufe der Evolution an einen sehr kleinen Ausschnitt aus dem Strahlungsspektrum der Sonne angepasst. Bestimmte Tiere, Bienen zum Beispiel, die ein gutes Farbunterscheidungsvermögen beim Aufsuchen von Blüten brauchen, können auch im UV-Bereich sehen – eine Fähigkeit, die unseren evolutionären Vorfahren keinen entscheidenden Überlebensvorteil gebracht hätte.

Das wäre heute vielleicht anders: Wenn wir die enormen Dosen an UV-Strahlung, denen wir uns beim Sonnenbaden aussetzen, auch *sehen* könnten, wären wir in diesem Punkt vielleicht vorsichtiger. Und wir könnten auch *sehen*, wie dick die Ozonschicht der Erdatmosphäre ist, die uns vor zu viel UV-Strahlung schützt. Vielleicht hätten wir die Verwendung ozonschädigender Treibgase dann schon früher eingestellt.

Jedenfalls sollte man mit der Erdatmosphäre keine Experimente machen. Ohne den Schutz durch die Lufthülle gäbe es uns nämlich überhaupt nicht. Röntgen-, Gamma- und Partikelstrahlen aus dem Weltraum würden ungehindert auf die Erdoberfläche treffen und jedes biologische Gewebe sofort zerstören. Vielleicht hätte sich in der Tiefsee Leben gebildet und dort auch gehalten, aber die Kontinente wären immer noch so wüst, felsig und leer wie am ersten Schöpfungstag.

✲

Während wir auf den Kanaren stets gründlich ausschliefen, wurde Berit in den Ferien von ihrer berufstätigen Mutter auch weiterhin um sieben Uhr geweckt. In der Morgendämmerung der kürzer werdenden Herbsttage entdeckte sie dabei einmal die Venus. Und sie beschloss auf der Stelle (und erzählte es allen), dass diese *ihr Stern* sei.

Daraufhin fand sie am nächsten Tag in ihrem Zimmer wieder einen Zettel vor, auf dem stand: »Denn dein Stern, das ist der Clou.« Ihr Gedicht lautete also jetzt: »Im Süden brauchst du nicht zu suchen / Ost, West, Norden – Pustekuchen, / Denn dein Stern, das ist der Clou.« Ich hatte nicht die geringste Ahnung, was das bedeuten könnte, als sie mir den Zettel nach unserem Urlaub zeigte. Einen Stern namens Clou gibt es nicht.

Problematischer war aber noch, dass Stella nun glaubte, das Rennen um den Glücksstern endgültig verloren zu haben. Das traf sie sehr, und ich begriff, dass ich mir dringend etwas einfallen lassen musste, damit sie und Berit schnell und einvernehmlich zu jeweils *ihrem* Stern kommen konnten. Svens rätselhafte Reime würden mir dabei jedenfalls nicht weiterhelfen.

Ich sagte zu Stella: »Berit hat keinen Stern entdeckt, sondern die Venus. Auf die bist du vor einem Jahr auch schon hereingefallen. Sie ist ein Planet.«

»Nein«, sagte Stella bedrückt. »Ich habe damals den Abendstern gesehen, hast du gesagt. Und Berits Stern ist der *Morgen*stern, hat ihr Vater ihr erklärt.«

Seit wann hielt sich Berits Vater für einen astronomischen Sachverständigen, dachte ich ein wenig empört, sprach den Gedanken aber nicht aus, weil sich der Irrtum leicht aufklären ließ.

»Abend- und Morgenstern sind ein und derselbe Himmelskörper«, sagte ich. »Bei beiden handelt es sich um die Venus. Sie ist ja ein Planet und bewegt sich: Als Abendstern steht sie links von der Sonne und als Morgenstern rechts. Du musst zu Berit gehen und ihr sagen, dass sie Pech gehabt hat. Es bleibt dabei: Die Venus ist kein Stern, sondern ein Planet.«

Und ein sehr interessanter dazu, denn Venus und Erde haben vieles gemeinsam: Beide sind ungefähr gleich groß, haben benachbarte Umlaufbahnen, eine dichte Atmosphäre, eine feste Oberfläche und in etwa die gleiche chemische Zusammensetzung. Und trotzdem sind sie in ihrer Entwicklung sehr unterschiedliche Wege gegangen. Während sich die Erde nach ihrer Entstehung allmählich abkühlte, sodass sich auf ihrer Oberfläche Ozeane bilden konnten, in denen erste Lebensformen entstanden, ist die Atmosphäre der Venus bis heute kochend heiß.

Überhaupt ist die Venus ein gutes Beispiel dafür, dass bei der Planetenentstehung einiges schiefgehen kann. Denn so schön sie auch ist: Sie war nie eine lebensspendende Welt. Mit 460 Grad Celsius am Äquator hält sie den planetaren Hitzerekord im Sonnensystem. Grund dafür ist die Zusammensetzung ihrer Atmosphäre, die zu 96,5 Prozent aus dem Treibhausgas Kohlendioxid besteht.

Was dem Mars an Treibhauseffekt fehlt, hat die Venus gewissermaßen zu viel. Lediglich auf der Erde scheint die CO_2-Konzentration in der Atmosphäre den richtigen Wert zu haben. Ganz ohne CO_2 wäre es nämlich auch hier ungemütlich kalt. Während der letzten Eiszeit war der CO_2-Gehalt der Erdatmosphäre nur halb so hoch wie heute. Offenbar kommt es beim Kohlendioxid sehr genau auf die Menge an. Auf dem Mars ist sie zu gering, sodass er nach einer kurzen Warmperiode in einen ewigen Winterschlaf gefallen ist. Und auf der Venus ist sie entschieden zu hoch: Ihre Atmosphäre verfügt über kein Ventil, das ihr irgendeine Form von Kühlung verschaffen würde. Warum da das eine und dort das andere passiert ist, wissen wir noch nicht – ebenso wenig wie wir wissen, wie stark wir an der irdischen CO_2-Schraube drehen dürfen, bevor es zu irreparablen Schäden am System kommt. Vielleicht lässt sich das am Beispiel des Mars und der Venus ja lernen.

In den meisten Mythologien ist die Venus weiblich. Als Göttin verkörpert sie Schönheit, Anmut und Fruchtbarkeit. Ihr silbernes Leuchten erstrahlt entweder in der Abend- oder in der Morgendämmerung, und da wir bereits Sonnenuntergänge im Allgemeinen als sehr schön und romantisch empfinden, sind sie es mit der Venus als funkelndem Brillanten gewiss ganz besonders.

Es gibt aber noch einen anderen Grund für die Verbindung zwischen Venus und Fruchtbarkeit. Das Verhältnis der Umlaufzeiten von Erde und Venus bringt es mit sich, dass die Venus im Schnitt rund 260 Tage am Morgen- bzw. Abendhimmel zu sehen ist, bevor sie für eine Weile unsichtbar wird. Diese Zeitspanne entspricht ungefähr der Dauer einer Schwangerschaft. Wird die Venus also in den Tagen der Empfängnis sichtbar, dann begleitet sie als Himmelserscheinung die gesamte Schwangerschaft einer Frau bis zur Geburt des Kindes.

Solche zeitlichen Übereinstimmungen entfalten eine große psychologische Kraft, die sich in der Mythologie widerspiegelt. Als Göttin der Fruchtbarkeit war die Venus aber eine miserable Besetzung, denn es hat mit großer Sicherheit nie einen Lebenskeim auf ihrer Oberfläche gegeben. Ihr wunderschönes silbernes Leuchten verdankt sie nämlich einem lückenlosen Umhang aus tödlichen Schwefelsäurewolken. Aber auch das ist ja ein sehr altes mythologisches Motiv: die todbringende Schönheit.

Das Kohlendioxid, das die Venus in ein so übermäßig heißes Treibhaus verwandelt, stammt übrigens – wie auf der Erde und auf dem Mars – hauptsächlich aus Vulkanausbrüchen. Die meisten Himmelskörper aus Gestein sind in ihrem Innern sehr heiß, und diese Hitze drängt nach oben. Irgendwann wird der Druck zu groß, die Oberfläche reißt auf, und Gas und Lava steigen mal explosionsartig, mal träge rauchend und fließend empor.

Der größte Vulkan des Sonnensystems befindet sich auf dem Mars. Er heißt Olympus Mons, ist mächtige 26 Kilometer hoch und hat einen Bodendurchmesser von 600 Kilometern. Auf der Erde würde so ein gewaltiger Berg unter seinem eigenen Gewicht in sich zusammensacken, aber auf dem kleineren Mars ist die Schwerkraft und also das Gewicht des Vulkans geringer.

Die höchste vulkanische Erhebung auf der Erde ist die Inselgruppe Hawaii. Rechnet man deren unterseeischen Sockel mit hinzu, kommt man auf eine Gesamthöhe von neun Kilometern – nicht viel im Vergleich zum Olympus Mons, aber doch beachtlich im Planetensystem. Von etwa der gleichen Größe ist der höchste Vulkan auf der Venus, der nach der ägyptischen Göttin Maat benannte Maat Mons.

Überhaupt besitzt die Venus die größte Vulkanvielfalt aller Planeten. Manche der sonderbaren Formationen heißen Zeckenvulkane, weil sie von oben aussehen wie riesige Zecken, die über die Venusoberfläche krabbeln, und andere – sehr runde flache Lavafladen – werden Pfannkuchenvulkane genannt.

Der vulkanisch aktivste Himmelskörper im Sonnensystem ist aber kein Planet, sondern der Jupitermond Io. Weil er mit einem Durchmesser von 3600 Kilometern noch deutlich kleiner ist als der Mars, können die Gesteinsfontänen dort bis zu 300 Kilometer hoch in den Weltraum schießen. Mit seiner enormen Schwerkraftwirkung walkt der riesige Jupiter Io durch wie einen Brötchenteig. Überall entstehen Risse und

Poren, durch die heiße Lava nach oben schießen kann, sodass sich die Oberfläche Ios ständig verändert.

Aber es gibt nicht nur heiße Vulkane, sondern auch eiskalte – Kryovulkane genannt. Erstmals entdeckt hat man sie auf dem Neptunmond Triton. Auf dem sonnenfernen Himmelskörper ist es mit minus 240 Grad Celsius ziemlich frostig, was dazu führt, dass Stickstoff oder Methan zunächst flüssig und schließlich fest werden. Steigen nun die Temperaturen dort aufgrund einer Erwärmung durch emporsteigende Hitze aus dem Innern oder durch Sonnenstrahlung an, drängt das Material kontinuierlich oder eruptiv an die Oberfläche. Einen solchen kalten Vulkanismus vermutet man inzwischen auch auf dem Plutobegleiter Charon und auf dem Saturnmond Enceladus, den Wasser- und Eisfontänen in einen gleißend hellen Schneeball verwandelt haben.

Zum Wintersportparadies der Zukunft taugt er aber nicht. Mit 500 Kilometern Durchmesser ist er nämlich so klein, dass wir dort nicht einmal ein hundertstel unseres Körpergewichts hätten. Und das heißt, als Skifahrer müssten wir uns auf den Hängen der Enceladus-Vulkane sehr in Geduld üben. Ein Ski-Weltcuprennen würde dort pro Abfahrt nicht anderthalb Minuten, sondern mehrere Stunden dauern. Und Skiflieger müssten bei ihren Sprüngen aufpassen, dass sie nicht zu hoch in den Weltraum hinaussegeln und den kleinen Mond unter ihren Brettern für immer hinter sich lassen …

Im Übrigen scheint es auch in der Freundschaft zwischen Stella und Berit eine Art vulkanischen Mechanismus zu geben.

Lange Zeit spielen sie wie die friedlichsten und sanftesten Wesen miteinander, um sich auf einmal in heftigsten Eruptionen zu streiten. Und leider brodelte auch der Sterne-Streit zwischen ihnen ziemlich lavaartig vor sich hin, sodass mir nichts anderes übrigblieb, als mit Berit zu sprechen und sie davon zu überzeugen, dass die Venus kein Stern ist und darüber hinaus als Planet – bei aller Schönheit – keine sehr lebensfreundlichen Eigenschaften hat.

☆

Berit machte ein düsteres Gesicht, als ich mit ihr über die Venus sprechen wollte. Wahrscheinlich dachte sie, es ginge mir nur darum, Stella zu helfen. Ich ging mit ihr und Stella in die Küche, füllte einen Topf mit etwas Salz und einer dünnen Schicht Wasser und stellte ihn auf die Herdplatte.

»Überall im Universum gibt es Wasser!«, sagte ich. »Wasser ist eine der häufigsten Substanzen im Sonnensystem. Auf dem Mars gab es einmal Flüsse und Seen, die irgendwann vereist sind. Die Saturnringe bestehen aus Eis und enthalten zehn oder zwanzig Mal so viel Wasser wie die Weltmeere. Kometen sind ein Gemisch aus Eis und Staub, der Jupitermond Ganymed ist von einer Eisschicht umgeben, die mehrere hundert Kilometer dick ist, und der kleine niedliche Saturnmond Enceladus ist über und über mit weichem Pulverschnee bedeckt. Ja, vielleicht – aber das ist noch Spekulation – vielleicht hat sich sogar auf unserem ansonsten knochentrockenen Mond in tiefen Kratern an den Polen Eis von Kometeneinschlägen halten können – auch das ist möglich.«

Das Wasser im Topf begann jetzt allmählich zu sieden, und ich machte Berit und Stella darauf aufmerksam. »Ist euch schon aufgefallen«, fuhr ich fort, »dass die Venus immer in der Nähe der Sonne steht? Das liegt daran, dass sie nicht so weit von der Sonne entfernt ist wie die Erde, und deswegen, und weil sie eine viel dichtere Atmosphäre hat, ist es auf der Venus immer sehr heiß. So wie in der Wüste, nur noch viel heißer. Ungefähr so heiß wie in einer Kerzenflamme! Und wisst ihr, was passiert, wenn es irgendwo so unglaublich heiß ist? Dann verdampft alles Wasser. Wenn es hier bei uns auf der Erde so heiß wäre wie auf der Venus, dann würde das Wasser in den Meeren ziemlich schnell anfangen zu kochen. Und Meerwasser enthält ziemlich viel Salz, das schmeckt man ja. Im Gegensatz zum Wasser verdampft das Salz aber nicht, es bleibt zurück. Und wenn alles Wasser verdampft ist, bildet sich so eine hässliche weiße Kruste auf dem Grund – hier seht ihr: Da erkennt man sie schon, das Wasser schlägt noch ein paar letzte Blasen, und irgendwann hat man nur noch einen heißen trockenen verkrusteten Boden, den man besser nicht betreten sollte. Denn wenn man ihn berührt, dann geht es einem wie diesem Wassertropfen hier.«

Ich träufelte von einem Löffel etwas Wasser auf den heißen trockenen Topfboden. Mit einem kurzen unangenehmen Zischen lösten die Tropfen sich auf und verflüchtigten sich.

»So wäre es auf der Venus! Weil sie so dicht bei der Sonne

steht, leuchtet sie zwar hell und prächtig, aber wie ihr seht, ist die Kehrseite der Medaille für uns ziemlich unangenehm. Überall im Sonnensystem gibt es lebenswichtiges Wasser, überall könnten wir uns sozusagen eine Suppe kochen – nur auf der Venus nicht. Auf der Venus, so schrecklich es ist, würden wir ganz jämmerlich verdursten. Sie wird bis auf Weiteres eine heiße, lebensfeindliche Wüste bleiben.«

Berit sah trotzig in den Topf, aber ihr Ton verriet, dass sie sich ihrer Sache nicht mehr ganz sicher war. »Woher willst du das alles überhaupt wissen? Warst du denn schon mal da?«

»Nein«, sagte ich, »aber es gibt viele Fotos von der Venus, und auf denen sieht man, dass sie eine einzige Wüste ist. Im Internet findet man ganz leicht welche. Wenn du möchtest, können wir uns gerne ein paar ansehen.«

»Mir egal«, sagte sie und verließ mit Stella schmollend die Küche. Aber ich war doch recht guten Mutes, dass meine kleine Demonstration ihre Wirkung nicht verfehlen würde.

✫

Warum hat die Venus kein Leben hervorgebracht? Eigentlich ist das für uns Astronomen ein Rätsel. Wie können sich zwei Planeten, die einander in vielem so ähnlich sind wie Erde und Venus, derart unterschiedlich entwickeln? Liegt denn, so fragen wir uns, darin nicht ein Beweis dafür, wie unwahrscheinlich die Entstehung von Leben im Universum ist? Wie sehr geknüpft an eine lange Reihe von Faktoren und Zufällen, deren erfolgreiches Zusammenspiel vielleicht eine enorme Seltenheit ist?

Aber wir Astronomen sind Optimisten. Ich denke, die meisten von uns nehmen an, dass wir als Lebewesen im Universum nicht allein sind, auch wenn niemand das wirklich wissen kann. Alles, was wir mit Sicherheit sagen können, ist, dass die Entstehung von Leben im Universum *einmal* gelungen ist – alle anderen Überlegungen sind mehr oder weniger spekulativ. Es spricht aber nichts dagegen, dass es in anderen Sonnensystemen Planeten gibt, die der Urerde vor viereinhalb Milliarden Jahren sehr ähnlich sind. Die viel schwierigere Frage ist folgende: Würde es auf einer zweiten Erde mit exakt den gleichen Startbedingungen ebenfalls zur Entstehung von Leben kommen?

Vom naturwissenschaftlichen Standpunkt aus ist Leben ein Zusammenspiel sehr komplizierter Moleküle. Sie bestehen aus Millionen und Milliarden von Bausteinen, die inzwischen sehr gut erforscht sind. Was wir aber noch nicht verstehen, ist, wie sie sich von selbst, ohne Eingriff von außen, zu reproduktionsfähigen Organismen zusammensetzen konnten.

Vielleicht war ein grandioser Zufall notwendig, um die Evolution in Gang zu bringen, ein Zusammentreffen bestimmter physikalischer und chemischer Umstände, das so unwahrscheinlich ist, dass es sich im Universum nicht noch einmal wiederholen wird. Ausschließen können wir das nicht. Wenn es aber so wäre, dann würde die Erde auf eine bestimmte Weise wieder zum Mittelpunkt des Universums, denn nur hier gäbe es Leben und sonst nirgendwo. Ich denke, das ist es, woran sich die meisten Wissenschaftler stören: An unsere Einzigartigkeit im Universum zu glauben wäre für sie wie ein Rückfall in ein überholtes Weltbild.

Wenn man annimmt, dass es außerirdisches Leben gibt, dann ist die zweite Frage, wie häufig es ist. Es könnte zum Beispiel eine intelligente Spezies pro Galaxie geben. Das würde immerhin bedeuten, dass es hundert Milliarden intelligente Lebensformen im Universum gibt, eine Menge also – und doch hätten wir nicht die geringste Chance, etwas von all diesen Zivilisationen zu erfahren. Um nämlich von Galaxie zu Galaxie zu kommunizieren, bräuchten wir Sender von ungeheurer Stärke, und selbst wenn wir solche fantastischen intergalaktischen Funkgeräte hätten, wäre die Kommunikation furchtbar zäh. Aufgrund der großen Entfernung würde es mehrere Millionen Jahre und länger dauern, bis wir von jenen fernen Wesen Antwort auf eine einmal gestellte Frage bekämen. Und was könnten wir da schon fragen, außer: »Seid ihr da?« Und dann? Vielleicht sind sie da, wenn wir unsere Frage senden, aber nicht mehr, wenn sie bei ihnen ankommt. Oder es gibt uns schon lange nicht mehr, wenn ihre Antwort die Erde erreicht.

Die Frage nach der Lebensdauer von Zivilisationen ist sogar von ganz entscheidender Bedeutung. Selbst wenn es in einer Galaxie sehr viele bewohnte Planeten gäbe, könnte es sein, dass ihre Kulturen niemals etwas voneinander erfahren, weil sie sich ständig verpassen: Ist die eine zur interstellaren Kommunikation fähig, ist die andere noch nicht so weit – und hat die zweite den Sprung ins Kommunikationszeitalter geschafft, ist die erste womöglich schon wieder untergegangen.

Man sucht unter dem Projektnamen SETI (Search for extraterrestrial intelligence) schon seit Jahrzehnten nach Signalen außerirdischer Zivilisationen, aber man hat bisher noch keine gefunden. Ob das nun bedeutet, dass wir als Spezies in unserer nächsten Umgebung zurzeit allein sind (oder sogar die Einzigen unserer Art im Universum) oder nur noch nicht gründlich genug gesucht haben – niemand vermag das mit Sicherheit zu sagen. Die Suche, dessen bin ich mir aber sicher, wird in jedem Fall weitergehen. Denn niemand möchte gern allein sein – auch Zivilisationen nicht.

✲

Der Streit zwischen Stella und Berit währte nicht lange. Sie erklärten die Venus und alle Planeten zum neutralen Territorium, das sie sich gegenseitig nicht streitig machen wollten. Und hinzu kam, dass ihr Interesse an der Sternensuche allmählich abflaute, denn ein anderer Stern, ein kalendarischer, war wieder in Sichtweite: Weihnachten. Die Regale in den Läden füllten sich mit Lebkuchen und Christstollen, und Stella zählte die Tage und Wochen bis zum Fest, als sei der Herbst ein einziger langer Advent.

Einmal sagte ich zu ihr, weil sie mich danach fragte: »Es dauert noch neun Wochen bis Weihnachten. Und wie du weißt, hat eine Woche sieben Tage. Wie viele Tage müssen wir also noch warten, bis das Christkind kommt?«

Sie legte den Finger auf die Lippen und sagte nach einer Weile: »Dreiundsechzig?«

»Genau!«, rief ich erfreut. »Toll gerechnet!«

Und dann sagte sie: »Wenn eine Woche nur fünf Tage hätte, dann ginge es schneller. Dann würde es nur ... fünfundvierzig Tage dauern.«

»Hm, rein rechnerisch stimmt das. Aber in Wirklichkeit wäre natürlich nicht schneller Weihnachten, nur weil wir an der Länge der Woche etwas geändert hätten. Es würde immer noch dreiundsechzig Tage dauern.«

»Wieso hat eine Woche eigentlich sieben Tage?«, erkundigte sie sich. »Mit sieben zu rechnen ist viel schwerer als mit fünf.«

»So steht es in der Bibel, und das ist der Grund, weswegen wir bis heute daran festhalten. Die Sieben-Tage-Woche ist aber noch älter als die Bibel. Die Menschen im Altertum kannten sieben Lichter am Himmel, die sich bewegten: Sonne, Mond und die fünf Planeten Merkur, Venus, Mars, Jupiter und Saturn. Und in diesen sieben Lichtern sahen sie sieben Gottheiten und weihten ihnen jeweils einen Tag. Deswegen haben unsere Tage bis heute die Namen von Göttern beziehungsweise von Himmelskörpern. Der Sonntag zum Beispiel heißt so, weil er einst dem Sonnengott geweiht war. Und der Montag war dem Mond geweiht. Dienstag heißt auf Französisch Mardi, Marstag, Mittwoch Mercredi, Merkurtag und der Donnerstag Jeudi, Jupitertag. Der Freitag heißt nicht Freitag, weil wir da frei haben – haben wir ja auch nicht –, sondern weil er der germanischen Göttin Freia geweiht war, der Göttin der Schönheit und Fruchtbarkeit, der Venus also. Auf Französisch heißt der Freitag deswegen Vendredi, Venustag. Und für den Samstag machen wir einen Ausflug in die englische Sprache. Der heißt dort nämlich Saturday, Saturntag. – Komm her, ich zeige dir noch etwas.« Ich ging zum Schreibtisch und nahm ein Blatt Papier zur Hand. »Es ist nämlich nicht nur so, dass die sieben Tage der Woche nach den Planeten benannt sind, sondern auch die Reihenfolge der Tage ist astronomisch festgelegt. Dazu muss man wissen, dass die Menschen früher glaubten, die Erde befände sich im Mittelpunkt des Universums. Und wenn man eine Liste mit den Umlaufzeiten der Planeten anfertigt, wobei man die Sonne durch die Erde ersetzt, dann ergibt sich daraus folgende Reihenfolge: Am schnellsten ist der Mond, der braucht einen Monat für einen Umlauf, das weißt du ja schon. Dann kommt der Merkur mit etwa drei Monaten, dann die Venus mit etwa sieben. Als Nächstes kommt auf dem Platz der Erde die Sonne. Die braucht – logisch – genau ein Jahr, um ihren Lauf zu vollenden. Und am Ende der Liste stehen der Mars mit knapp zwei Jahren, der Jupiter mit fast zwölf und schließlich der Saturn mit beinahe dreißig Jahren Umlaufzeit. – Und nun machen wir Folgendes: Wir übertragen unsere Liste jetzt auf einen Kreis.« Ich zeichnete einen Kreis auf das Blatt Papier und begann ihn zu beschriften: »Ganz oben machen wir einen Strich für den Mond, rechts davon kommt der Merkur, dann die Venus und so weiter. Am Ende sieht das

Ganze aus wie das Ziffernblatt einer Uhr, die nicht zwölf, sondern sieben Stunden anzeigt. Als Letztes, links vom Mond, tragen wir den Saturn ein. Und jetzt verbinden wir die Tage durch Linien miteinander, und zwar in der Reihenfolge, in der sie in der Woche aufeinander folgen. Wir ziehen vom Mond aus eine Linie zum Mars, zum Dienstag, gehen von dort aus weiter zum Merkur, zum Mittwoch, gehen weiter zum Jupiter, zur Venus, zum Saturn, zur Sonne und zurück zum Mond. Fertig! Dann sieht unser Wochendiagramm so aus.«

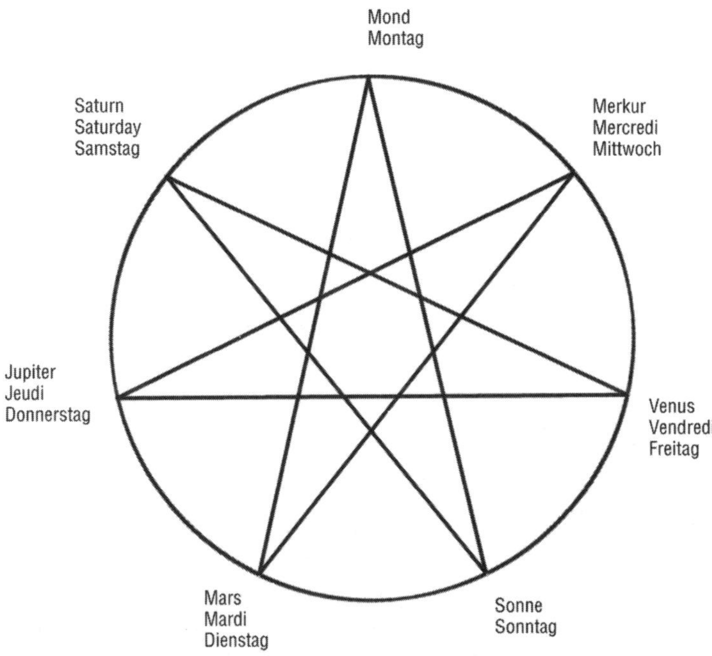

»So einen siebenzackigen Stern«, sagte ich, »nennt man ein Heptagramm. Mehrzackige Sterne galten früher als magische Symbole. Ein fünfzackiger Stern auf der Türschwelle sollte die Bewohner eines Hauses vor bösen Geistern schützen. Und sechszackige Sterne hatten zumeist religiöse Bedeutungen. – Nun ja«, sagte ich mit Blick auf die Zeichnung, »es stimmt schon: Von so einem Bild geht eine eigenartige Wirkung aus, obwohl es genau genommen nichts anderes zeigt als ein mathematisches Konstruktionsverfahren.«

»Papi«, sagte Stella. »Darf ich das Blatt behalten?«

»Aber natürlich.«

»Weißt du, das ist ja ein *Stern*. Ich hänge ihn an meine Tür. Das ist *mein* Stern. Darf ich den ausmalen?«

»Ja, ja«, sagte ich, aber mir war nicht ganz wohl dabei. »Sollten wir Berit nicht auch so einen Stern malen? Nicht, dass es wieder Streit gibt.«

»Ach nein?«, sagte sie und lief erfreut aus dem Zimmer.

Aber abends sagte meine Frau zu mir: »Was ist denn das für eine mystische Zeichnung an Stellas Zimmertür?«

»Ach, nur eine Art Wochendiagramm«, sagte ich.

»Ein Diagramm? Ich finde, es sieht aus wie ein Stern. Und ich glaube, wenn Berit den sieht, dann ...«

»Ja, ich weiß. Aber was sollte ich machen? Ich wollte Stella erklären, wo die Reihenfolge der Wochentage herkommt. Das ist alles.«

»Nun ja«, sagte sie, »schon gut. Mach dir keine Gedanken. Ich werde die Sache in die Hand nehmen.«

»Ach ja? Was willst du denn tun?«

»Mir fällt schon etwas ein.«

Wir sprachen nicht weiter darüber, aber natürlich fragte ich mich, ob ihre letzte Bemerkung nur eine Floskel gewesen war oder ob sie wirklich einen Plan hatte. In der Nacht schlief ich unruhig und träumte von flüssigen Sternen, die mir auf geheimnisvolle Weise immer wieder durch die Finger rannen. Dann lag ich eine Weile wach, schlief wieder ein, und als ich morgens von Stella geweckt wurde, war es ungewöhnlich spät.

»Papi!«, rüttelte sie an mir, »ich habe wieder einen Zettel bekommen! Und sieh mal, was darauf steht!«

Mühsam arbeitete ich mich hoch, tastete nach meiner Lesebrille, blinzelte auf den Zettel und las: »Denn dein Stern, der bist doch du!«

»Es ist ein Gedicht!«, rief Stella aufgeregt. »Pass auf, ich lese es dir vor.« Sie raschelte mit den vier Zetteln, die sie im vergangenen Jahr gefunden hatte, sortierte sie und las: »Morgens geht er auf, dein Stern / Mittags ist er dir nicht fern / Abends legt er sich zur Ruh / Denn dein Stern, der bist doch du. – Ist das nicht toll? Ich habe *so* lange nach meinem Stern gesucht, und in Wahrheit bin *ich es selber*. Mama hat's mir erklärt. Jeder Mensch ist sein eigener Stern! Jeder muss seinen eigenen Ideen und Zielen folgen! Das hat Mami gesagt.«

»Ach ja?«, murmelte ich, »da hat sie natürlich recht.« Jetzt begriff ich endlich, wer hinter diesen Zetteln steckte, und ich fragte mich, wieso ich nicht schon früher darauf gekommen war.

In dem Moment klingelte das Telefon, es war Berit. Sie hatte ebenfalls einen Zettel gefunden, der ihre Verse aus dem vergangenen Jahr zu einem Vierzeiler vervollständigte. Stella schrieb das Gedicht auf und las es mir anschließend vor: »Im Westen brauchst du nicht zu suchen / Süd, Nord, Osten – Pustekuchen / Denn dein Stern – das ist der Clou, / Der bist ganz alleine du!«

Und natürlich hatte auch Berit von ihrer Mutter erklärt bekommen, dass jeder Mensch sein eigener Stern sei und es zum Wichtigsten im Leben gehöre, sich selbst zu folgen und den eigenen Ideen treu zu bleiben.

Meine Frau und Berits Mutter hatten das drohende Problem der Sternenkonkurrenz zwischen den beiden Mädchen also vorausgeahnt und gemeinsame Sache gemacht.

»Hm«, sagte ich abends zu ihr, »das habt ihr euch ja ziemlich gut ausgedacht. Ich wusste gar nicht, dass du poetisches Talent hast.«

»Nun ja«, sagte sie. »Wir haben improvisiert.«

»Vielleicht solltest du zu Weihnachten ein Gedicht schreiben«, schlug ich vor.

»Oh ja, ganz bestimmt.«

»Im Ernst. Stella könnte es vortragen. Deine Eltern würden sich freuen. Ein Jahresrückblick in Versen.«

»In die Ferne / Jahr der Sterne«, lächelte sie.

»Ja, es ist ziemlich schnell vergangen, dieses Jahr. Hoffentlich schwindet Stellas Interesse für die Sterne nicht im gleichen Tempo.«

»Ach nein, warum denn?«

»Eigenartig«, sagte ich. »Man denkt nie über die Zeit nach, aber am Jahresende schon!«

»Vielleicht fürchten wir uns ja davor.«

»Vor der Zeit?«

»Vor dem Älterwerden.«

Ich sagte: »Wenn ich Stella sehe, macht mir die Geschwindigkeit, mit der die Zeit vergeht, wirklich Angst.«

»Hat Einstein nicht berechnet, dass sie sich dehnen lässt?«

»Die Zeit? Dazu müssten wir in ein Raumschiff steigen und mit Lichtgeschwindigkeit zum nächsten Stern fliegen.«

»Na, ich weiß nicht«, sagte meine Frau und trank einen Schluck Wein. »Ich finde es hier auf der Erde ganz schön.«

»Ja«, seufzte ich, »das stimmt. Das stimmt wirklich.«

✲

Ein Jahr ist nun also vergangen, seit ich damit begonnen habe, Stella etwas über die Sterne zu erzählen und über den Weltraum, der uns hervorgebracht hat. Für uns Astronomen ist das Jahr ein Zyklus am Himmel, eine weitere Runde auf dem großen Karussell des Planetensystems. Das Jahr ist eine kosmische Größe, ebenso wie ein Monat, eine Woche, eine Stunde – wie die Zeit selbst.

Aber was ist die Zeit an sich? Das ist wohl die schwierigste Frage von allen. Sicher ist, dass nichts der Zeit entkommt. Bei mir hinterlässt sie ein paar Spuren, die ich noch mit einem gewissen Erfolg ignoriere. An Stella hingegen vollbringt sie ein traumhaftes Werk: Sie zeichnet und präzisiert, sie formt aus und verschönert, sie lässt reifer und verständiger werden.

Einen der klarsten Gedanken über die Zeit hatte der Philosoph Augustinus vor mehr als 1500 Jahren. Im Augenblick der Schöpfung, so schrieb er, habe Gott das Universum mit allen Dingen aus dem Nichts erschaffen. Da Zeit aber nur dort sei, wo Veränderung ist, könne es vor der Schöpfung auch keine Zeit gegeben haben, denn wo nichts war, da konnte sich auch nichts verändern – konnte nichts wachsen, gedeihen und reifen. Die Frage, was *vor* der Schöpfung war, ist also sinnlos, denn die Zeit ist keine von der Welt unabhängige Erscheinung.

Das ist es, was auch wir Astronomen denken – auch wenn unsere Gedanken ohne jede Poesie sind. Für uns ist die Zeit eine Koordinate, ein Strich auf einem Zollstock, mit dem wir das Universum vermessen. Wir geben Entfernungen in Zeiteinheiten, in Lichtjahren an, und wir identifizieren Zeit mit Veränderung. Wäre das Universum leer, gäbe es nichts, mit dem wir das Vergehen der Zeit belegen könnten. Entfernung und Dauer, Raum und Zeit sind für uns untrennbar miteinander verbunden.

Dass es ohne Dinge keine Zeit geben kann, ist also das eine. Doch auch der Fluss der Zeit, die Schnelligkeit, mit der sie vergeht, ändert sich mit den Dingen. Bewegen sie sich schnell, fließt die Zeit langsam – bewegen sie sich langsam oder gar nicht, verrinnt sie schnell. Und sogar die Masse der Dinge beeinflusst die Zeit. Je schwerer ein Stern ist, umso langsamer fließt die Zeit auf ihm dahin. Es ist, als würde sich seine Masse wie ein Gewicht an die Sekunden hängen und deren Fluss bremsen.

Könnten wir auf der Sonne wohnen, ginge unsere Armbanduhr langsamer und wir würden nicht so schnell altern wie unsere Freunde und Verwandten auf der Erde. Und könnten wir eine Uhr auf einem Schwarzen Loch beobachten, sähe sie aus wie eingefroren. Auf Schwarzen Löchern endet die Zeit, was nur ein anderer Ausdruck dafür ist, dass sie schwarz sind: Denn wo keine Zeit ist, da kann auch nichts leuchten.

Aber wie kann die Zeit enden? Unser Bewusstsein kann nur *in der Zeit* existieren, wir können ohne die Zeit nicht sein, ohne Erinnerungen an unsere Vergangenheit und ohne die Vorstellung von einer Zukunft, in der wir immer noch da sein werden. Gott, so lehrte Augustinus, sei in der Lage, das Sein in seiner Gesamtheit zu erfassen. Wir Menschen dagegen könnten es immer nur als Nacheinander erleben. Und für Augustinus war das ein Zeichen unserer Unvollkommenheit.

Ich muss allerdings zugeben, dass ich über diese Unvollkommenheit im Moment durchaus froh bin. Es wäre ein Verlust (jedenfalls empfinde ich das so), Stellas Entwicklung nicht in ihrem Nacheinander zu erleben, sondern in einem Gesamtaugenblick erfassen zu müssen. Eher denke ich: Es geht alles viel zu schnell. Ich erfasse das Schöne nur allzu flüchtig.

Für Stella ist die Zeit noch eine sehr festgefügte Größe. Die Gegenwart überstrahlt Vergangenheit und Zukunft um ein

Vielfaches, und schlafen zu gehen scheint für sie eine Art Verrat an der Zeit zu sein.

Als ich sie nach dem Sylvesterfeuerwerk zu Bett brachte, protestierte sie: »Aber du hast gesagt, dass ich bis *morgen* aufbleiben darf.«

»Das stimmt ja auch«, sagte ich. »Jetzt ist morgen.«

Das leuchtete ihr nicht ein. »Morgen ist erst, wenn man geschlafen hat.«

»Hm«, sagte ich. »Wenn man nicht schläft, ist also immer heute? Weißt du, das ist auch nicht so perfekt. Denn unsere Wünsche gehen erst im neuen Jahr in Erfüllung. Also ab morgen.«

Das war immerhin ein Argument. »Papi, was hast du dir denn gewünscht?«

»Mehr Zeit«, sagte ich.

»Zeit? Wozu denn? Zeit ist doch immer da. Die muss man sich doch nicht wünschen. Das ist ja Wunschverschwendung.«

»Zeit ist kostbar. Erwachsene empfinden das so. Ich möchte zum Beispiel viel mehr Zeit mit dir verbringen.«

»Dann mach das doch. Sollen wir etwas spielen?«

»Jetzt nicht.«

»Aber jetzt hätten wir doch Zeit.«

»Hm. Irgendwie schon. Ich weiß es auch nicht. Das mit der Zeit ist eben kompliziert.«

»Finde ich nicht«, sagte sie und legte sich ins Bett. »Das mit der Zeit ist ganz einfach. Ohne die Zeit würde alles auf einmal passieren.«

»Und würde dir das gefallen?«

Sie dachte einen Moment darüber nach. »Ich glaube nicht.«

»Mir auch nicht«, sagte ich.

Es entstand eine kurze Pause, und dann sagte sie: »Papi, erzählst du mir auch nächstes Jahr wieder Geschichten über den Himmel?«

»Möchtest du das denn?«

Und nun doch ein bisschen schläfrig sagte sie: »Natürlich. Sternenklar.« Danach gaben wir uns einen Kuss, und ich machte das Licht aus.

Danksagung

Von Immanuel Kant stammt der berühmte Satz: »Zwei Dinge erfüllen das Gemüt mit immer neuer und zunehmender Bewunderung und Ehrfurcht, je öfter und anhaltender sich das Nachdenken damit beschäftigt: der bestirnte Himmel über mir und das moralische Gesetz in mir.«

Nach allem, was wir wissen, hatte Kant keine leiblichen Kinder. Und so fern es mir auch liegt, ihn verbessern zu wollen, aber wenn er Kinder gehabt hätte, hätte er seinem Satz einen dritten Punkt hinzufügen müssen: Die unermüdliche Neugier und Entdeckungsfreude unserer Kinder.

Mein Dank gilt also vor allem meiner Tochter, die mir so viele wunderbare Fragen und überraschende Gedanken über den bestirnten Himmel und die Zusammenhänge in der Natur geschenkt hat.

Danken möchte ich auch meiner Frau für ihre Hilfe als aufmerksame Fragensammlerin und -stellerin und für ihre wertvollen Anmerkungen als erste Leserin des Textes.

Mein besonderer Dank gilt Axel Schwope für die gründliche Lektüre des Manuskripts und die vielen fachlichen Hinweise und Kommentare, die dem Leser manche Unkorrektheit ersparen.

Und nicht zuletzt danke ich Klaus Beuermann, der vor langer Zeit einmal einen Doktoranden gehabt hat, der am Ende nicht Astronom, sondern Schriftsteller geworden ist. Wer weiß, ob es dieses Buch ohne seine damalige Akzeptanz und Unterstützung gäbe.

Albert Einstein soll gesagt haben: »Man sollte die Dinge so einfach machen wie möglich, aber auch nicht einfacher.« Ich hoffe, daß mir diese Gratwanderung immer gelungen ist – wo nicht, bitte ich um Nachsicht.